Haruna Ibrahim

# Químicos e Combustíveis Sustentáveis do Biorrefinamento das Folhas de Resíduos

Haruna Ibrahim

# Químicos e Combustíveis Sustentáveis do Biorrefinamento das Folhas de Resíduos

ScienciaScripts

**Imprint**

Any brand names and product names mentioned in this book are subject to trademark, brand or patent protection and are trademarks or registered trademarks of their respective holders. The use of brand names, product names, common names, trade names, product descriptions etc. even without a particular marking in this work is in no way to be construed to mean that such names may be regarded as unrestricted in respect of trademark and brand protection legislation and could thus be used by anyone.

Cover image: www.ingimage.com

This book is a translation from the original published under ISBN 978-620-5-62997-0.

Publisher:
Sciencia Scripts
is a trademark of
Dodo Books Indian Ocean Ltd. and OmniScriptum S.R.L publishing group

120 High Road, East Finchley, London, N2 9ED, United Kingdom
Str. Armeneasca 28/1, office 1, Chisinau MD-2012, Republic of Moldova, Europe
Printed at: see last page
**ISBN: 978-620-5-61188-3**

# Químicos e Combustíveis Sustentáveis do Biorrefinamento de Folhas de Resíduos

**Haruna Ibrahim**

# Dedicação

Dedico este livro ao meu falecido pai, Ibrahim Gadagah

**Prefácio**

Este livro centra-se no estudo da conversão de resíduos agrícolas em produtos de valor acrescentado que não só proporciona riqueza às pessoas, mas também fornece matérias-primas para as indústrias moribundas por falta de matérias-primas. Também cria novas áreas de investigação e desenvolvimento e limpeza saudável do nosso ambiente. Os alvos são estudantes e professores de instituições superiores de aprendizagem (Monotecnica, Politécnica e Universidades).

O livro consiste em sete capítulos que discutiram os principais produtos da refinação de folhas, a sua conversão para outros compostos úteis que são capazes de substituir os combustíveis fósseis e as matérias-primas petroquímicas e os benefícios dos produtos sobre os petroquímicos. O primeiro capítulo é uma introdução que destaca os constituintes da madeira, os principais produtos da extracção hidrolítica das folhas de *Gmelina arborea, Acacia auriculiformis,* e *Acassia siebberianna.* O capítulo dois aborda o furfural, um dos principais produtos obtidos das folhas, os produtos prováveis que podem ser obtidos do furfural e as condições de reacção que dão origem aos produtos. O capítulo três discute o metanol furano e o 5-metil furfural, os seus benefícios e as condições de reacção para a sua produção. O capítulo quatro discute o 5-hidroximetilfurfural e as suas aplicações no sector industrial. O capítulo cinco discute os dihidroxifenóis e as suas aplicações industriais. O capítulo seis discute os ácidos gordos e a sua utilização para combustíveis, medicamentos, produtos químicos agro-alimentados e aplicações cosméticas. O último capítulo, o capítulo sete, discute os óleos essenciais e as suas aplicações.

O capítulo dois ao capítulo sete deste livro é útil para estudantes pós-graduados que gostariam de realizar trabalhos de investigação na área da biomassa. As referências aqui fornecidas ajudarão os utilizadores interessados a explorar mais a área de interesse.

Qualquer erro encontrado e assinalado neste livro será muito apreciado por ser notado e rectificado em edições posteriores pela graça de Deus.

Engr. Dr. Haruna Ibrahim
Palestrante Principal, Departamento de Engenharia Química
Escola de Engenharia Industrial
Faculdade de Engenharia, Politécnica de Kaduna
PMB 2021 Kaduna, Estado de Kaduna, Nigéria

## Prefácio

O livro destina-se a fornecer conhecimentos sólidos tanto a professores como a estudantes de ensino superior, sobre a conversão de resíduos agrícolas em produtos valiosos que podem substituir ou competir com produtos petroquímicos e combustíveis fósseis. Numa linguagem simplificada e clara, o autor discutiu os principais produtos da refinação da biomassa, a conversão de folhas em biocombustíveis e bioquímicos e os benefícios dos bioquímicos sobre os petroquímicos convencionais. O livro, que foi categorizado em sete capítulos, proporciona uma discussão detalhada dos constituintes da madeira e componentes extraíveis das folhas de *Gmelina arborea, Acacia auriculiformis,* e *Siebberianna acacia.* O autor discute ainda diferentes produtos obtidos a partir de folhas, ou seja, furfural, metanol furano, 5-metil furfural, 5-hidroximetil furfural, dihidroxifenóis, ácidos gordos e óleos essenciais e as suas aplicações.

Este livro é uma fonte vital de informação e conhecimento tanto para estudantes de graduação como de pós-graduação em Química Industrial, Engenharia Química, Engenharia Petroquímica e Petrolífera e muitas outras disciplinas. É também um material de referência para investigadores e docentes de ensino superior, especialmente na área dos biocombustíveis e bioquímicos. Gostaria portanto, sem hesitação, de recomendar este manual a todos os estudantes e docentes de Química Industrial, Engenharia Química, Engenharia Petrolífera e Petroquímica. Gostaria também de encorajar todas as instituições de ensino superior, centros de investigação química e bioquímica, Raw Material Research and Development Council e outras agências governamentais de investigação a disponibilizarem este livro nas suas bibliotecas. Desejo-vos boa leitura e sucesso no vosso estudo e investigação.

Engr. Dr. Ali Abubakar Muhammad
Professor Principal, Departamento de Engenharia Química
Politécnico de Kaduna, Kaduna

## Agradecimentos

Louvado seja Deus Todo-Poderoso por me ter fornecido a sabedoria, conhecimento, força e recursos de que precisava para escrever este livro.

A minha profunda gratidão ao Dr. Idris Musa Misau, ao Prof. Surajudeen Abdulsalam e ao Dr. Musa Mohammed por terem tido tempo para rever o livro. Agradeço também ao Dr. Abubakar Muhammad Ali que levou a dor de escrever para este livro. Gostaria também de agradecer ao meu grande amigo S, Dr. Adeoye Adewole e Dr. Hassan Funshon, cujas contribuições também vão muito longe para o nascimento deste livro.

A minha sincera gratidão vai para o meu irmão mais velho, Engr. Bashar B. Ibrahim, pelo seu apoio moral no decurso da redacção deste livro, Prof. Ibrahim A. Mohammed-Dabo e Prof. Idris M. Bugaje pelo seu encorajamento que contribuiu para o sucesso deste livro.

A minha gratidão à minha esposa, Khadijat Abdullahi, e aos meus filhos, Hauwa, Yakub, Al Amin, Mustapha, Maryam, Zainab e Rahman pela sua compreensão e apoio.

O meu apreço aos membros do meu grupo de Investigação de Energias Renováveis do Instituto Nacional de Investigação de Tecnologia Química (NARICT), Zaria; à Sra. S. Ayilara, Dr. K. O. Nwanya, Engr. A. S. Zanna, Engr. D. C. Nwakuba e Sra. O. B. Adegbola, pelo seu apoio com quem nasceu a ideia deste trabalho.

Também quero agradecer aos meus membros do grupo de Investigação Furfural e seus derivados na Universidade Umaru Musa Yar'Adua, Katsina; Engr. Suleiman Magaji, Sr. Shamusudeen A. Jibia, Sr. Ismaila Muhammad e todo o pessoal do Centro de Investigação de Energias Renováveis Ibrahim Shehu Shema, Departamento de Química e Ciência Aplicada e o pessoal de gestão da Universidade.

# Tabela de conteúdos

6

CAPÍTULO UM

INTRODUÇÃO

A biorefinaria não se destina apenas à produção de biocombustíveis, mas é também capaz de refinar produtos químicos para as indústrias farmacêutica, plástica, alimentar, agro-alimentada, cosmética e de matérias-primas para polímeros a partir de biomassa. Tal como as refinarias de petróleo permitem a produção de combustíveis fósseis e uma vasta gama de matérias-primas químicas, a bio-refinaria também permite a conversão da biomassa em biocombustíveis e bio-químicos capazes de substituir os produtos petrolíferos. A maioria dos combustíveis e produtos químicos actualmente em uso nas indústrias petroquímica e plástica é feita através de recursos derivados do petróleo. A biomassa é uma fonte renovável de carbono de origem vegetal e animal, incluindo os seus resíduos. Os seguintes são componentes da biomassa vegetal; hidratos de carbono, triglicéridos, celulose, hemiceluloses, lignina, e açúcar (Ezeonu e Ezeonu, 2016). Está a ser realizada investigação sobre a conversão de biomassa residual em combustíveis de hidrocarbonetos e produtos químicos para uma possível substituição de produtos petrolíferos.

Em contraste, o recurso renovável permite desenvolver estes combustíveis e produtos químicos com novas funções, que são menos acessíveis através de produtos derivados do petróleo. Estes são chamados biocombustíveis e bioquímicos derivados de uma fonte vegetal e podem substituir os provenientes de recursos petrolíferos com novas propriedades e aplicações sustentáveis. Confiar nas fontes renováveis de matérias-primas para os nossos combustíveis e produtos químicos não só é melhor para o nosso ambiente, como também melhora a utilização de recursos locais e melhora a nossa economia agrícola (Lamminpää, 2015). O desafio global da degradação ambiental pode ser reduzido se não eliminado pela produção e utilização de bioquímicos e biocombustíveis a partir da biomassa (Wojcieszak et al., 2015). Assim, a bio-refinaria da biomassa é uma via mais limpa para a síntese de produtos químicos e combustíveis.

A atenção é desviada para a investigação sobre biomassa devido às suas matérias-primas químicas verdes, sustentabilidade, renovabilidade e crises de produtos petrolíferos e alterações climáticas resultantes da utilização de produtos petrolíferos. O que tratamos como resíduos são importantes fontes de energia e matérias-primas capazes de substituir os produtos petrolíferos utilizados como matéria-prima nas indústrias. As madeiras são grandes recursos de produtos químicos renováveis que podem sustentar as nossas necessidades energéticas e outras aplicações importantes para as quais os produtos petrolíferos estão a ser utilizados. A planta constitui a celulose, hemicelulose e lignina como os principais componentes. Também contém

7

na planta, em menor grau, são extractivos que incluem óleos voláteis, terpenos, ácidos gordos e os seus ésteres, ceras, gomas, álcoois polídricos, mono e polissacáridos, alcalóides, óleos essenciais e saponinas (Patterson, 1984). Os constituintes químicos acima mencionados dependem da espécie da planta. Muitos produtos químicos úteis podem ser obtidos a partir destes componentes da madeira, dependendo do tratamento dado à mesma. A figura 1 representa o fluxograma para a conversão da biomassa lignocelulósica em produtos químicos.

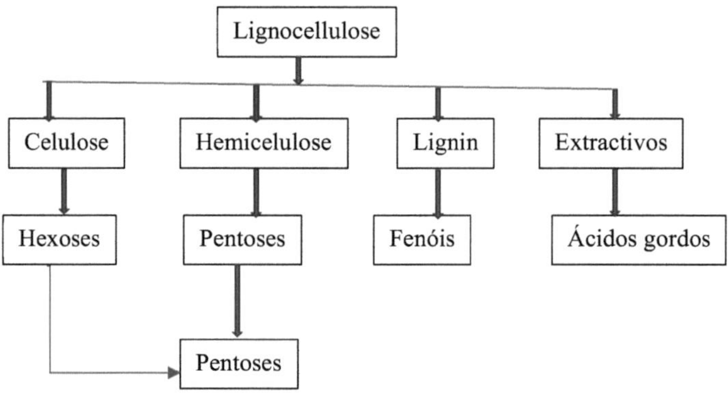


Figura 1. 1 Diagrama de fluxo de conversão de biomassa lignocelulósica em produtos químicos

Gostamos frequentemente de decorar as nossas casas e instituições com árvores para escudo. Algumas das árvores decorativas comuns nas nossas instituições incluem *Acacia auriculiformis, Gmelina arborea* e *Acassia serberianna,* apresentadas na Placa 1.1. Estas árvores vertem as suas folhas que se transformam em resíduos. As folhas usadas podem fornecer coberturas para répteis e outros pequenos animais que podem ser prejudiciais para o homem. Estes são bons na quinta, pois podem ser degradados em estrume por bactérias para o crescimento das culturas, mas são poluentes graves nas casas e ambientes institucionais. As fotografias na Placa 1.2 (a) mostram folhas residuais de acácia de folhas de acácia (*Acacia auriculiformis)* e *Gmelina arborea* à espera de serem incineradas numa premissa do National Research Institute for Chemical Technology (NARICT), Zaria. A prática habitual é a recolha destas folhas em pilhas e a queima como na Placa 1.2 (b), mas esta prática gera outros poluentes perigosos.

Placa 1.1: Biomassa numa premissa da Kaduna Polytechnic, Kaduna & UMYU, Katsina

Placa 1. 2: Folhas de resíduos nas instalações do NAR-
ICT

O fumo gerado por um grande número de fogos de folhas pode causar problemas de saúde significativos. O fumo das folhas pode irritar os olhos, o nariz e a garganta dos adultos saudáveis. Mas pode ser muito mais prejudicial para crianças pequenas, idosos, e pessoas com asma ou outras doenças pulmonares ou cardíacas. Isto porque o fumo visível dos incêndios de folhas é constituído quase inteiramente por pequenas partículas que podem atingir profundamente o tecido pulmonar e causar sintomas tais como tosse, pieira, dores no peito e falta de ar que podem não ocorrer até vários dias após a exposição a grandes quantidades de fumo de folhas. Para evitar esta incineração aberta, as incineradoras são frequentemente mais utilizadas nos países avançados para a eliminação de resíduos sólidos, tal como descrito na Placa 1.3.

Placa 1. 3: Incinerador para queima de resíduos sólidos (de: shutterstock.com)

## 1.1 Biorefinição de Produtos de Folhas Mortas

Uma folha como parte de madeira contém a maioria dos componentes da madeira, dependendo da madeira de origem. A investigação demonstrou que os resíduos de folhas de plantas (árvores) são capazes de nos fornecer biocombustíveis, produtos químicos e produtos biológicos mais baratos (Iroegbu et al., 2020). A figura 2.2 mostra o diagrama de fluxo da conversão hidrolítica das folhas mortas em produtos. Os produtos obtidos dependem do reagente utilizado para a extracção e da espécie da planta. A hidrólise ácida de folhas de *Acacia auriculiformis* realizada por Ibrahim et al. (2015) produziu os seguintes produtos químicos úteis: furfural, 5-metil 2-furaldeído, e metanol furano com a composição de 20,87, 9,21, e 20,68% respectivamente. Também extraído das folhas mortas de *Acacia auriculiformis* foi de 34,71% de ácidos gordos que incluem; ácido 2,4-pentadienóico, ácido nanoico, ácido tetradecanóico, ácido hexadecenóico, ácido hexadecenóico, ácido octadecanóico, ácido octadecenóico e ácido nanodecanóico.

5-metil furfural, 5-hidroximetil furfural e 2-furan metanol de composições 13,02, 7,55 e 22,73% foram extraídos de folhas de *Gmelina arborea* quando as suas folhas mortas foram hidrolisadas termicamente a 100° C mais de 3% de ácidos sulfúricos (Ibrahim et al., 2017). Também foram extraídas das folhas mortas de Gmelina *arborea* o-hidroxifenol, p-hidroxifenol e m-hidroxifenol, que representaram 10,15% do extracto total. Os açúcares extraídos foram 3,26% levoglucosan e 7,58% levoglucosenona.

Num outro estudo, a hidrólise de folhas mortas de *Gmelina arborea* com 1,5% de cloreto de zinco catalisador produziu 76,3% de ácido oleico, como relatado por Magaji e Ibrahim (2019). Ibrahim et al. (2021) produziram 76,98% de biodiesel a partir de folhas mortas de mogno (*Khaya senegalensis*) após extracção hidrotérmica sobre óxido de cálcio e o extracto foi ester-ificado com metanol sobre ácido sulfúrico. Ibrahim et al. (2019) relataram a produção de 82,4% e 91,8% de 5-hidroximetil furfural a partir do ácido sulfúrico e hidróxido de sódio de *Acassia sierberiana* folhas de resíduos sobre ácido sulfúrico e hidróxido de sódio, respectivamente. Sobre estes catalisadores, foram produzidos mais produtos químicos em composições variáveis. Estes incluem eugenol, espathulenol, estigmasterol, alfa-farneseno, 3-metil butanol (isopentanol), nonadecano, ésteres ftálicos, ortho-decyl hydroxylamine, phytol, squalene, óxido de cariofileno, octyl hydroxylamine, e methyl α-D-galactopyranoside. A figura 1.4 re-trata alguns dos possíveis produtos de folhas mortas.

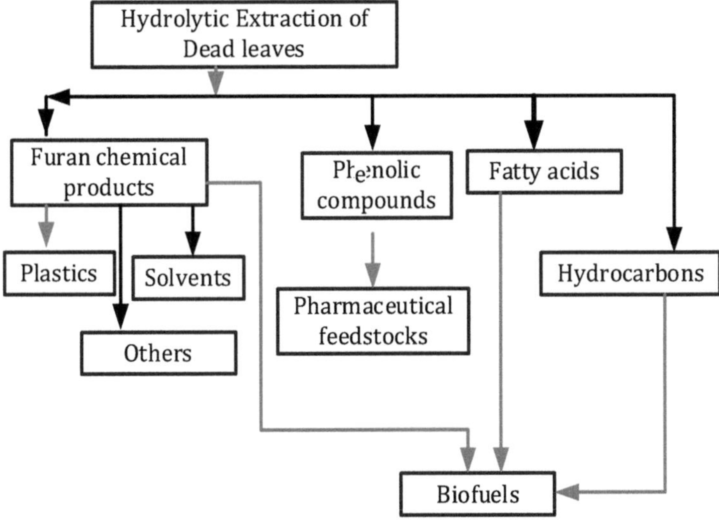


Figura 1.2: Diagrama de fluxo de conversão de folhas mortas (biomassa) em produtos

As folhas mortas das árvores são uma matéria-prima melhor e mais barata e promissora para a utilização a jusante, uma vez que são apenas resíduos sem valor, mas que agora se descobriu que são potencialmente muito mais sustentáveis. Os seus produtos são degradáveis, uma vez que são obtidos a partir de resíduos vegetais. As emissões de dióxido de carbono dos combustíveis produzidos a partir de biomassa equilibram as que capturam durante o crescimento das plantas jovens.

Exercício 1

1. O que é biomassa?
2. Quais são os principais componentes da biomassa de madeira?
3. Mencionar cinco doenças associadas ao fumo de fogo de folhas de resíduos.
4. Diga a sua razão para apoiar a bio-refinaria sobre a refinaria de petróleo

# CAPÍTULO DOIS

## FURFURAL E SUAS UTILIZAÇÕES

## 2.1 Introdução

Furfural com o número CAS 25067-38-3 é um produto natural com muitas aplicações e pode ser sintetizado a partir de biomassa. É um aldeído heterocíclico encontrado comummente utilizado como solvente na indústria. É um aldeído líquido heterocíclico, incolor e de cheiro doce (Ibrahim et al., 2015), tem 5 átomos de carbono, 4 átomos de hidrogénio e 2 átomos de oxigénio com uma fórmula molecular de $C_5 H_4 O_2$ e um peso molecular de 96,08g/mol. Ferve a 162° C, funde a -36,5° C e tem uma gravidade específica de 1,1594. A sua fórmula estrutural é apresentada na Figura 2.1. Muda para escuro quando em contacto com o ar, solúvel em água (cerca de 83g/L) e é completamente solúvel na maioria dos solventes orgânicos excepto hidrocarbonetos alifáticos saturados (Carry, 2000). É volátil e degradado no ar, reagindo com radicais hidroxil produzidos fotoliticamente (Reed e Kwok, 2014).

Historicamente, o furfural foi isolado pela primeira vez por Johann Dobereiner em 1821 quando sintetizou ácido fórmico através da reacção de ácido sulfúrico e óxido de manganês sobre o açúcar (Ireogbu et al., 2020). John Stenhouse mais tarde em 1840 produziu-o a partir de resíduos agrícolas tais como calos, aveia, farelo e serradura sobre ácido sulfúrico diluído e estabeleceu a sua fórmula empírica ($C_5 H_4 O_2$ ). Contudo, só em 1860, foi identificado como um aldeído por Schwanert após a sua conversão com sucesso em ácido furoico sobre nitrato de prata. A estrutura do furfural foi deduzida por Carl Harries em 1901. A produção comercial de compostos furânicos começou em 1920, quando Peter e Dunlop realizaram activamente pesquisas no Oats Hall Research Facility da Quaker Oat Company, onde produziram, patentearam e comercializaram vários compostos furânicos.

Outros sinónimos são 2-furaldeído, furfurol, aldeído 2-furan, fural, furfuraldeído, e 2-furancarboxaldeído. A extracção hidrolítica com ácido sulfúrico de folhas mortas de *Acacia auriculifumis* realizada por Ibrahim et al., (2015) produziu 50,76% de furfural e seus derivados.

Figura 2.1; Fórmula estrutural do furfural

Furfural é um aldeído que é furano com hidrogénio na posição 2 substituído por um grupo formil (PubChem, 2020). É uma fonte orgânica de combustível e matéria-prima química renovável alternativa ao petróleo (Barnes, 2020). Encyclopedia Britannica (Accessed, 2020), descreveu o furfural como um solvente selectivo para a refinação de óleos lubrificantes e combustíveis diesel através da remoção de compostos aromáticos para melhorar a sua viscosidade com propriedades de temperatura e ignição, respectivamente. Como fungicida que inibe o crescimento da fuligem do trigo e como combustível que era utilizado para o funcionamento do automóvel em vez da gasolina em Chicago (Iroegbo, 2020). É um solvente industrial importante e também um precursor de muitos compostos furânicos importantes, incluindo o metanol furano. É utilizado extensivamente para a produção de rodas abrasivas ligadas a resina e a purificação do butadieno necessário para a produção de borracha sintética (Encyclopedia Britannica, 2020). Verificou-se que melhora as propriedades reológicas dos ligantes asfálticos e reduz o envelhecimento oxidativo do asfalto (Iroegbu, 2020). Nylon, resinas fenólicas furfural, ácido furoico utilizado como bactericida, aromas, fragrâncias e uma série de outros produtos químicos úteis são produzidos a partir de furfural. O furfural pode ser utilizado para produzir metil tetrahidrofurano um solvente importante superior ao tetrahidro furfural (Wikipedia, 2020).

Sabia-se que o Furfural era produzido a partir da desidratação de açúcares pentose de hemiceluloses como a xilose e a arabinose obtidas por hidrólise ácida de espiga de milho, bagaço, e aveia Quaker que simultaneamente desidratam ao furfural (Estrup, 2015). A procura de furfural é impulsionada pela procura dos seus derivados nas indústrias farmacêutica, petroquímica e dos biocombustíveis, sendo mais de 50% do furfural produzido anualmente utilizado para a produção de metanol furano. Os produtores dominantes de furfural são a China, a República Dominicana e a África do Sul.


## 2.2 Conversão de Derivados Furfural em Derivados Furfural

A presença da dupla ligação C=C no furfural torna-o muito reactivo; por conseguinte, sofre conversão para muitos produtos químicos úteis para a alimentação industrial (Shi, 2019). É submetido a hidrogenólise catalítica e hidrogenação para produzir estas variedades de compostos descritos no Esquema 2.1. A hidrogenólise é uma reacção que resulta na decomposição de uma molécula maior em moléculas menores com a ajuda do hidrogénio. A hidrogenação, por outro lado, é a adição de hidrogénio a uma molécula insaturada sem quebrar o composto. É relatado por Shi (2019) que, quando o catalisador CuNi (1:1) é utilizado na hidrogenação do furfural no etanol como solvente, o produto principal é o metanol tetrahidrofurano, mas se o metanol for utilizado como solvente o produto principal é o metanol furano. A conversão do furfural nos seus derivados é feita principalmente por hidrogenação, hidrogenólise e oxidação, tal como demonstrado no esquema 2.1.

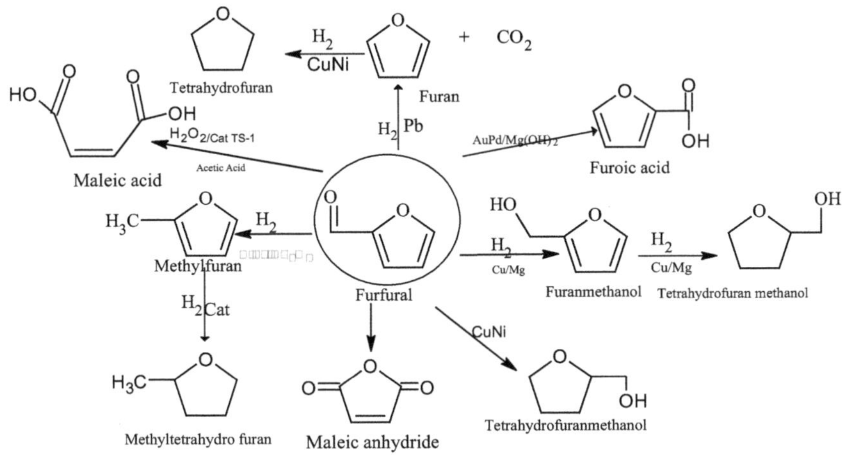

Esquema 2.1: Hidrogenólise catalítica e hidrogenação de Furfural

## 2.3 Conversão de Metanol Furfural em Metanol de Furan

Sabia-se que era produzido metanol de 2-Furan quando os vapores de furfural e hidrogénio são passados sobre um catalisador de cobre a temperaturas elevadas (Encyclopedia Britannica, 2020). Esta reacção é chamada hidrogenação selectiva da ligação carbono-oxigénio que pode ser realizada tanto na fase líquida como na fase de vapor, dependendo do catalisador utilizado (Chen et al., 2018). Esta reacção é uma reacção de hidrogenação, uma vez que o hidrogénio é adicionado para saturar a dupla ligação entre o carbono e o oxigénio sem quebrar a molécula em mais pequenas. Aplicação do catalisador bimetálico CuNi (1:1) na hidrogenação do furfural produziu mais de 90% de metanol furano (Shi, 2019). Além disso, Estrup (2015) relatou que mais de 96% do rendimento do metanol furano tinha sido obtido a partir da conversão do catalisador furfural sobre o Cu-Cr. Mas a implicação deste método é o efeito nocivo do óxido de crómio sobre o ambiente. Em estudos posteriores com Cu-Ni/MgAlO a 10 bars de H$_2$ na gama de temperaturas de 230-300° C, foram obtidos cerca de 93% de metanol furano. Os estudos separados sobre estes dois catalisadores; o cobre e o níquel mostraram que o cobre é o principal catalisador, uma vez que o catalisador Cu produziu 98% de metanol furano e 2% de metilfurfural.

O Iroegbu (2020) relatou que mais de 60% do furfural produzido em todo o mundo é convertido em metanol Furan devido à sua gama inesgotável de aplicações industriais. A hidrogenação adicional produz metanol tetrahidro de Furan, tal como descrito no Esquema 2.1. Biradar (2020) informou que o catalisador CuAl converteu o furfural em mais de 99,5% de metanol furano, tal como demonstrado no Esquema 2.2.

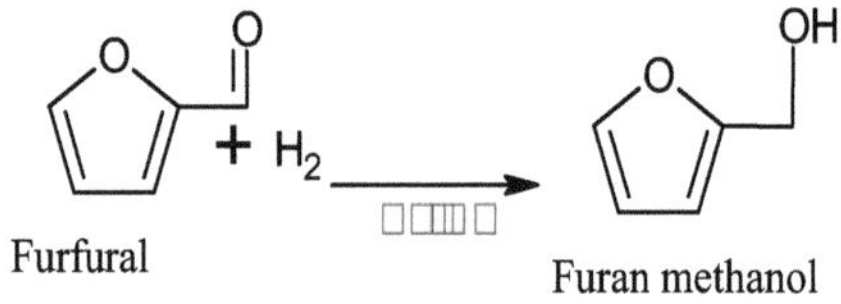

Furfural + H₂ → Furan methanol

Esquema 2.2: Conversão de metanol furfural em metanol de furfural

## 2.4 Conversão de Metanol Furfural em Tetrahidrofurano

O metanol tetrahidrofurano popularmente conhecido como álcool tetrahidro furfurílico (THFA) também tem outros nomes como; metanol tetrahidrofurano-2-il e metanol tetrahidro-2-furanílico. Tem número CAS; 97-99-4 com massa molar 102,133g/mol, densidade 1,0511g/cm$^3$ e viscosidade 6,24 cP a 25° C, ferve a 178° C. É incolor com um ponto de inflamação a 83° C e tem a fórmula química, $C_5 H_{10} O_2$ .

É utilizado extensivamente como solvente miscível de alta água, decapante químico e intermediário químico para a produção de outros químicos, tais como resinas vinílicas, corantes para couro, borrachas, nylon e adesivos, tal como apresentado na Placa 2.1 É também utilizado em produtos farmacêuticos. O Furfural pode ser convertido directamente em metanol tetrahidrofurano sobre catalisador CuNi à temperatura de reacção de 200° C em etanol solvente, tal como apresentado no esquema 2.3. Esta é também uma reacção de hidrogenação; o hidrogénio é adicionado para converter as ligações duplas em ligações saturadas simples sem quebrar a molécula em peças mais pequenas. Se o metanol for utilizado como solvente produz-se metanol de Furan (Kato, 2015).

Esquema 2.3: Conversão de metanol furfural em metanol de tetrahidrofurano



Placa 2. 1: Produtos adesivos que podem ser produzidos a partir de metanol tetrahidro-furano (formulário: https://www.amazon.com/Tetrahydrofuran)

## 2.5 Conversão de Furfural em Furan

Um furano com o número CAS 25067-54-3 é um líquido incolor, volátil, insolúvel em água, ligeiramente solúvel em clorofórmio e muito solúvel em etanol, éter e acetona. Ferve a 31,5° C, derrete a -85,6° C, e tem um ponto de inflamação de -35° C e uma gravidade específica de 0,9514 a 20° C. Furfural pode ser convertido em furano por descarboxilação do furfural sobre Pd/C (Biradar, 2020). Esta reacção pode ser descrita como hidrogenólise e descarbonilação, pois a molécula maior furfural é quebrada em duas moléculas menores; furano e CO com ajuda de hidrogénio. Hidrogenólise porque, a molécula é quebrada em moléculas menores com ajuda de hidrogénio e descarboxilação, pois o número de carbono é reduzido pela libertação de dióxido de carbono. Esta reacção de descarboxilação do furano ao furano e dióxido de carbono $CO_2$ tem lugar a temperaturas elevadas (Estru, 2015). Shi (2019) informou que, já em 1950, o catalisador bimetálico CuNi na proporção de 1:1 converteu o furfural por hidrogenação para furano a uma temperatura superior a 200° C. Shi (2019) também relatou que a utilização do catalisador Cu furfural foi convertido em metanol principalmente furano com pouca quantidade de 2-metil furano a baixa temperatura. Mas como a temperatura elevada de mais de 200° C, o rendimento do 2-metil furano aumentou. Também, reportado por Shi (2019), o catalisador Pb converteu furfural para 99,5% furan por descarbonilação, tal como apresentado no esquema 2.4. O mesmo resultado também pode ser alcançado com o catalisador CuNi (1:1) a 200° C. O furano é utilizado para a produção de THF, pirrole como se mostra na Placa 2.2 e muitos outros.

Esquema 2.4: Conversão furfural em furano

(a) Tinta acrílica        (b) Tinta acrílica pirol vermelha

Placa 2. 2: Produtos que podem ser produzidos a partir de furan (de: royaltalens.com)

## 2.6 Conversão de Furfural em Tetra-hidrofurano (THF)

Tetrahydrofuran com número CAS 77392-70-2 tem uma viscosidade de 0,56 mPa.s, um ponto de inflamação de -17° C, ferve a $66^0$ C e derrete a -108,5° C. É um solvente importante para a produção de nylon e poli tetrametilenoglicóis (Eseyin e Steele, 2015). O politetrametilenoglicol (PTMEG) tem muitas utilizações, incluindo a produção de poliuretano termoplástico (TPU), elastómeros de uretano fundido (Placa 2.3), em adesivos de uretano, selantes, e revestimentos de superfície. O PTMEG é um poliol, um poliéter glicol linear com grupos hidroxil em ambas as extremidades. Assim, reage prontamente com isocianatos para a produção de resinas com excelentes propriedades.

O tetrahidrofurano é produzido pela hidrogenação do metanol furano sobre um catalisador de níquel (Encyclpedia Britannica, 2020). Biradar (2020) relatou que a descarboxilação do furfural sob processo redutor produz furano que na hidrogenação adicional produz Tetrahydrofuran (THF), tal como apresentado no Esquema 2.5.

Esquema 2.5: Conversão de furfural em tetrahidrofurano

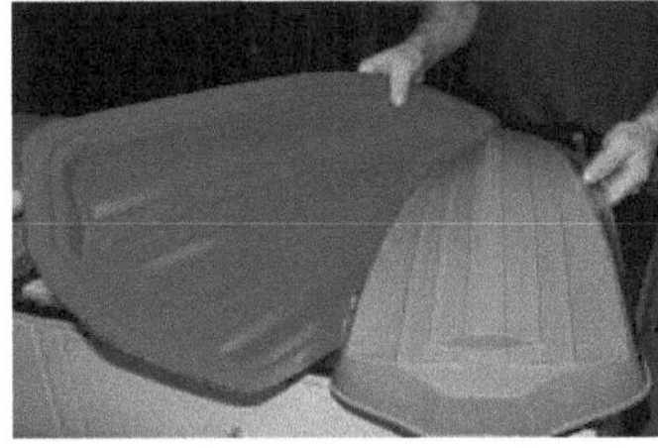

(a) Elastómero de uretano fundido     (b) Elastómero de poliuretano

Placa 2. 3: Produtos que podem ser produzidos a partir de tetrahidrofurano (de: Chemlinechemline.net)

The catalytic hydrogenation of furfural on a single step can produce THF. This THF was known to be produced from major dehydration of 1, 4-butanediol (BDO) and hydrogenation of maleic anhydride both sourced from petroleum-based with multi-step processes using heavy metal complexes and harsh reaction processes as claimed by Biradar, (2020). Fortunately, these harsh reaction conditions can be replaced by the use of renewable and sustainable biomass such as furfural via waste leaves to achieve the same goal. Tetrahydrofuran is useful as a solvent, for the production of spandex fibre, and polyurethane elastomer. The products of spandex fibre and polyurethane elastomer are depicted in Plate 2.4.

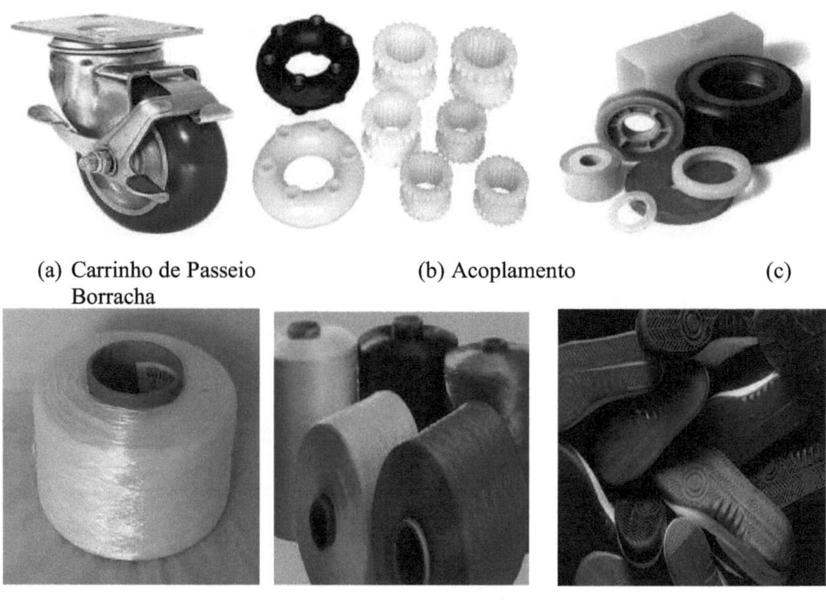

(a) Carrinho de Passeio Borracha     (b) Acoplamento     (c)

(d) Fio     (e) Fibra de Spandex     (f) Solas de sapatos

Placa 2. 4: Poliuretano elastómero Produtos que podem ser produzidos a partir de tetrahidrofurano (de: spandexfabric.cn)

## 2.7 Conversão de Furfural em Furan de Fetilo

O metilfurfural (MF) é um composto com número CAS 534-22-5, ferve a 65° C, derrete a -87° C, ponto de inflamação a -30° C, a gravidade específica varia de 0,908 a 0,917 e a densidade do vapor a 156,24 mmHg. É um biocombustível muito importante com um ponto de ebulição mais baixo, desempenho de combustão mais elevado, e número de octanas de investigação mais elevado que o etanol (Chen et al., 2018; Hegde e, kumko, 2017). Além disso, a sua aplicação como combustível tem sido utilizada para a síntese de pesticidas (Placa 2.5), perfumes, medicamentos antimaláricos (cloroquina) e solventes industriais (Iroegbu, 2020). O Furfural pode ser convertido em MF por hidrogenação com 10%Ni-10%Cu/Al$_2$O$_3$ catalisador utilizando ácido fórmico como doador de hidrogénio (Fu et al., 2017), tal como apresentado no Esquema 2.6.

Esquema 2.6: Conversão furfural para 2-metilfurano

Placa 2. 5: Produto pesticida ambiental que pode ser produzido a partir de metilfurano

(De: healthandenvironment.org)

## 2.8 Conversão de ácido furfural em ácido furoico

O ácido furoico é um pó cristalino branco com número CAS 26447-28-9, funde a 133,5° C, e ferve a 231° C e gravidade específica de 0,55. O seu nome IUPAC é furano, ácido 2-carboxílico. O ácido furano é um metabolito (vitamina B) que pode ser encontrado na urina de trabalhadores que possam ter sido expostos ao furfural e é um marcador de exposição a este composto. O ácido furoico é também encontrado em suplementos alimentares e alimentos fortificados que ajudam na produção e manutenção de novas células e DNA para prevenir o cancro (Etringer, 2021). É útil como conservante alimentar e agente aromatizante e também para a produção de fibra de nylon e tecido de nylon, tal como apresentado na Placa 2.6. Tem um peso molecular de 112,08g/mole e uma fórmula molecular de $C_5 H_4 O_3$ .

(a)  Fibra de nylon          (b) Têxtil Nylon

Placa 2. 6: Produtos que podem ser produzidos a partir de ácido furoico (de: fibre2fashion.com)

O ácido furoico é utilizado para a produção de ácido 2, 5-dicarboxílico que foi encontrado como um melhor substituto do ácido tereftálico para a produção de poliéster (Eseyin e Steele, 2015). O ácido furoico pode ser produzido a partir da oxidação do furfural com gás fornecedor de oxigénio num meio aquoso em contacto com um catalisador de óxido metálico (Dunlop, 1942: Eseyin e Steele, 2015), tal como apresentado no esquema 2.7. A placa 2.6 mostra alguns dos produtos que podem ser produzidos a partir do ácido furoico.

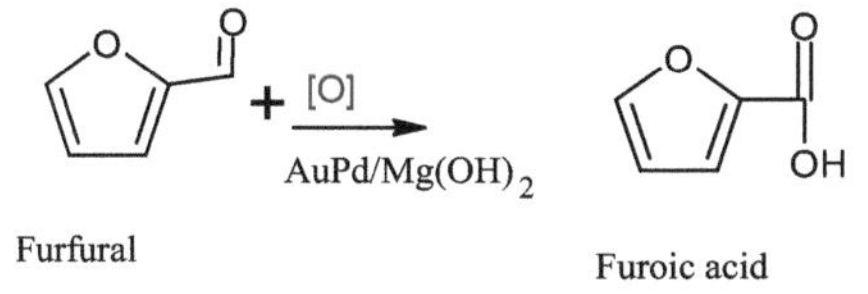

Esquema 2.7: Conversão de ácido furfural em ácido fluorídrico

## 2.9 Conversão de Ácido Furfural em Ácido Maleico

O ácido maleico é um sólido incolor cristalino com o número CAS 110-16-7, solúvel em água, funde a 130,5° C, e ferve a 356° C com uma gravidade específica de 1,59. O seu nome IUPAC é ácido but-2-enedioc. É um isómero cis de ácido butenodiócico. Existem vários métodos de conversão de furfural em ácido maleico, mas o método mais eficiente, tal como relatado por Lou et al. (2020) é o uso de oxidante de peróxido de hidrogénio, solvente ácido acético e peneira molecular de silicato de titânio (TS-1), que leva cerca de uma hora para atingir 53 % de rendimento a 100° C de temperatura de reacção, tal como apresentado no Esquema 2.8. Para o conseguir, são necessários 10 moles de $H_2O_2$ para reagir com 1 mol de furfural e 1,8% de carga de catalisador (% de furfural).

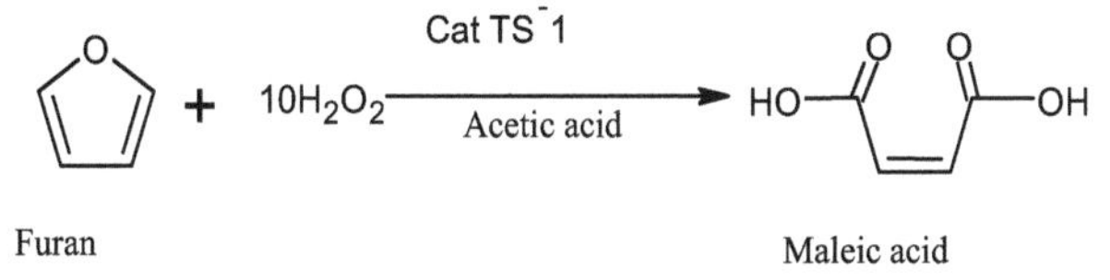

Esquema 2.8: Conversão de ácido furfural em ácido maleico

A produção de ácido maleico também pode ser obtida com furano utilizando peróxido de hidrogénio como oxidante, ácido acético como solvente e silicato de titânio como catalisador a 80° C de temperatura de reacção tal como apresentado (Lou et al., 2020) no Esquema 2.9. As duas reacções apresentadas nos Esquema 2.8 e 2.9 são reacções de oxidação. O ácido maleico é utilizado para boca seca, fibromialgia, fadiga, condicionamento da pele, e sabor em alimentos e cosméticos para ajustamento da acidez, tal como apresentado no Esquema 2.7.

Furan                Maleic acid

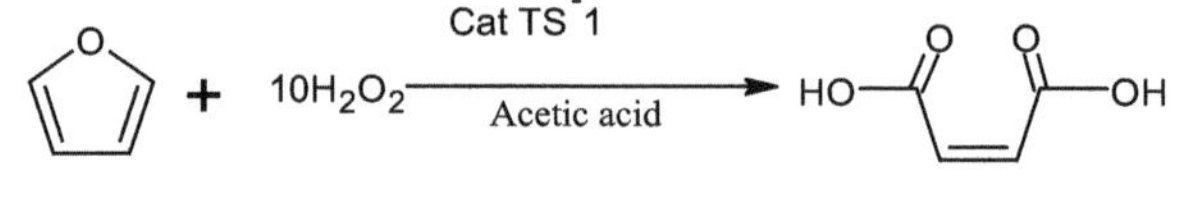

Scheme 2.9: Conversion furan-to-maleic acid

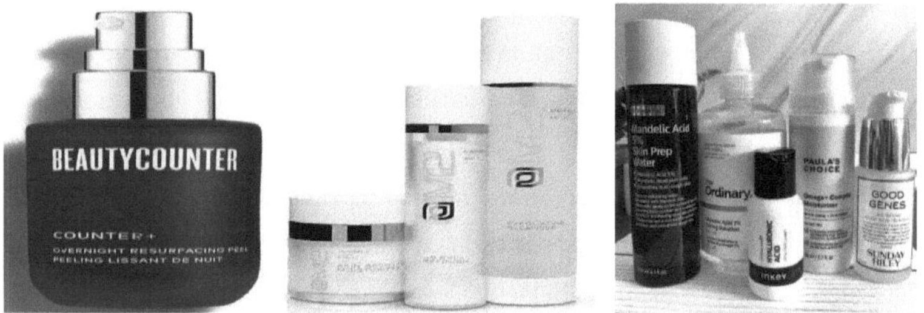

Placa 2. 7: Produtos de pele que podem ser produzidos a partir de ácido maleico (de: byrdle.com)

## 2.10 Conversão de Anidrido Furfural em Anidrido Maleico

O anidrido maleico é um cristal sólido branco com um odor acre acre. Tem o número CAS 108-31-6, ferve a 202° C, funde a 52,8° C, ponto de inflamação de 102° C, e gravidade específica de 1,5. Lou et al. (2020), convertido furfural em anidrido maleico usando peróxido de hidrogénio como oxidante em ácido acético como solvente sobre silicato de titânio (TS-1) catalisador, como demonstrado no esquema de reacção 2.10.

Furfural                Maleic anhydride

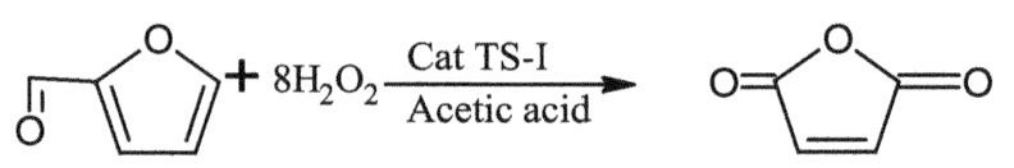

Esquema 2.10: Conversão de anidrido furfural em anidrido maleico

O anidrido maleico é útil na indústria do papel para o dimensionamento do papel. Uma mistura contendo anidrido maleico, ácido oleico rico e emulsão de ácido linoleico melhora as propriedades impermeabilizantes e friccionais dos papéis de embrulho. O anidrido maleico é também utilizado na indústria das tintas para a produção de tintas (Plate 2.8) e deink no papel (Keay and Dibble, 1996).

Placa 2. 8: Produto de tintas que podem ser produzidas a partir de anidrido maleico (de: montegrapapa.com)

## 2.11 Conversão do ácido furfural em ácido succínico

O ácido succínico também conhecido como ácido butanodioc é um sólido cristalino incolor que se funde a 188° C (Placa 2.9a), ferve a 235° C e o seu ponto de inflamação é 160° C. O seu número CAS é 110-15-6. É solúvel em água, etanol, éter etílico, acetona, e metanol. É insolúvel em bissulfureto de carbono. O ácido succínico (ácido butanodióico) é um ácido dicarboxílico que pode ser encontrado naturalmente nos tecidos vegetais e animais. O químico é também conhecido como "Espírito de Âmbar" porque foi descoberto pela primeira vez, e extraído do âmbar pulverizando-o e destilando-o utilizando um banho de areia. Choudhary et al. (2012), converteram com sucesso furfural em ácido succínico utilizando âmbarlyst-15 como catalisador sólido reutilizável em água a 353K na presença de peróxido de hidrogénio (H2O2), tal como apresentado no esquema 2.11.

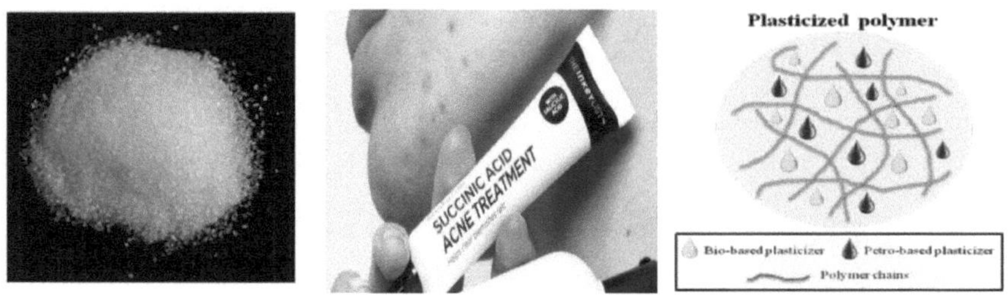


Esquema 2.11: Conversão de ácido furfural em ácido succínico

Succinic acid was primarily used externally for rheumatic aches and pains (Plate 2.9b). Succinic acid is used as a flavouring agent for food and beverages. It is used as an intermediate for dyes, perfumes, lacquers, photographic chemicals, alkyd resins, plasticizers (Plate 2.9c), metal treatment chemicals, and coatings. It is also used in the manufacture of medicines for sedatives, antispasmers, antiplegm, antiphlogistic, anrhoers, contraceptives, and cancer-curing.



(a) Cristais de ácido succínico (b) Tratamento de acne com ácido succínico (c) Plastificante de ácido succínico

Placa 2. 9: Produtos que podem ser produzidos a partir de ácido succínico (forma: theeverygirl.com)

## 2.12 Conversão de Furfural em Tetrahidrofurano de Metilo

O metil tetrahidrofurano é um líquido incolor com número CAS 25265-68-3, ferve a 78° C, (PubChem, 2021), e derrete a -136° C com uma gravidade específica de 0,86 a 25° C (Merck, 2021). Merck (2021) descreve o 2-Metil tetrahidrofurano como um combustível alternativo verde sustentável e oferece vantagens tanto económicas como ecológicas sobre o tetrahidrofurano e o diclorometano numa variedade de reacções organometálicas e reacções bifásicas. É higroscópico e tem uma maior densidade, maior valor de aquecimento, maior valor de octanas, menor inflamabilidade e menor toxicidade em comparação com o etanol (Mailaram et al., 2021). Chang et al. (2016) converteram furfural em metil tetrafurano via metanol furano sobre catalisador Cu-Pb bimetálico a 220° C usando propan-2-ol como solvente, como mostrado no esquema de reacção 2.12. É utilizado como combustível, para a produção de éter metílico ciclo-pentilo, como se mostra na placa 2.10.

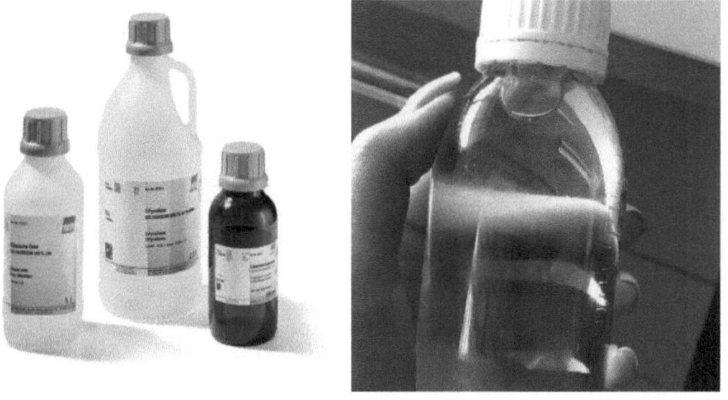



Esquema 2.12: Conversão de furfural em tetrahidrofurano de metilo

(a) Combustível de metil-hidrofurano        (b) Éter metílico ciclopentilo

Placa 2. 10: Produtos que podem ser produzidos 2-Metiltetrahidrofurano (de: carlroth.com)

Exercício 2

1. Que classe de composto orgânico é furfural?
2. Considerando as propriedades físico-químicas do furfural, como o isolaria da sua mistura em água?
3. Porque é que o furfural é muito procurado?

4. Diga as três reacções furfural sob vai.

5. Diferenciar entre as reacções de descarboxilação e descarbonilação.

6. Diferenciar entre as reacções de hidrogenólise e hidrogenação.

7. Lista de combustíveis que podem ser produzidos a partir de furfural.

8. Mencionar pelo menos 10 doenças que podem ser curadas com medicamentos que são produtos de furfural.

## CAPÍTULO TRÊS

## METANOL FURANO, 5-METIL FURFURAL E SUAS UTILIZAÇÕES

### 3.1 Introdução

Além da sua capacidade de produção a partir da conversão de furfural, o metanol furano e o 5-metil furfural são produzidos directamente a partir da extracção hidrolítica das folhas de *Gmeilina arborea.* *O* metanol furano também foi produzido a partir de folhas residuais de *Acacia auriculiformis* por Ibrahim et al. (2015), *e* folhas mortas de *Gmelina arborea* por Ibrahim et al. (2017), e Ibrahim et al., (2021). O metilfurfural também foi produzido a partir de folhas de *Gmelina arborea* até 13,02% do produto total por Ibrahim et al. (2017).


### 3.2 Metanol de Furan

O Furan metanol também conhecido como álcool furfurílico, Furylcarbinol e Furfuranol tem o número CAS 98-00-0, que pode ser produzido directamente a partir de folhas, para além da produção através de furfural, tal como referido anteriormente. A extracção hidrotérmica de folhas de *Acacia auriculifumis* com 3% de solução de ácido sulfúrico por Ibrahim et al. (2015) produziu 21% de metanol de 2-furan entre os produtos obtidos. Além disso, a extracção das folhas de *Gmelina arborea* com 3% de solução de ácido sulfúrico produziu 23% de 2-furanometanol (Ibrahim et al., 2017). O metanol de Furan tem 5 átomos de carbono, 6 átomos de hidrogénio e 2 átomos de oxigénio ($C_5 H6O_2$ ) como mostra a Figura 3.1 com uma massa molecular de 98,1g/mol (Pubchem, 2019). É relatado por Kato (2005), que o químico tem solubilidade em água superior a 250g/L, derrete abaixo de -31° C, e ferve a 77,2° C, com uma gravidade específica de 1,0544 a 20° C. É um líquido incolor mas que se torna âmbar quando envelhecido.

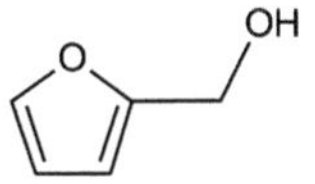

Figura 3.1: Fórmula estrutural do metanol de 2-furan

Ibrahim et al. (2015), relataram que o metanol 2-furan é utilizado na produção de polímero furano, selante, cimento, urea-formaldeído, e resina fenólica (Placa 3.1.1a), como solvente, no núcleo e aroma de fundição. É um bom solvente para gorduras, ceras, resinas, corantes, óleo

29

vegetal, tintas, tintas de impressão e muitas outras (PNUA, 2005). Segundo a Encyclopedia Britannica e a Wikipedia (Accessed, 2020), o metanol furano é utilizado na indústria dos plásticos para a produção de resinas furânicas um polímero utilizado na produção de cimento resistente à corrosão, compósitos de matriz polimérica termofixa, adesivos, revestimentos e artigos moldados por fundição (placa 3.1.1b).

(a)  Resina de Furan            (b) Molde de Furan

Placa 3. 1: O molde e a resina do furano podem ser produzidos a partir de metanol furano (de: m.made-in-china.com)

É utilizado como combustível com ácido nítrico fumante branco ou vermelho em foguetes que acende herpergolicamente (Wikipedia, acedido, 2020). Também, como combustível, pode ser misturado com gasolina devido ao seu elevado número de octanas (Estrup, 2015). O Iroegbu (2020) relatou que o metanol Furan é utilizado na produção de plásticos reforçados com fibras que são altamente corrosivos e resistentes ao fogo. Segundo a Wikipedia (Accessed, 2020), quando impregnado nas células de madeira polimerizadas e ligadas à madeira pelo calor, tornando-o dimensionalmente estável, duro, resistente à decomposição e aos insectos e também utilizado como selante (Plate 3.1.2b).

(a)  Foguetão (shutterstock.com)        (b) Selante produzido a partir de metanol
    furano

Placa 3. 2: Foguetão e selante pode ser produzido a partir de metanol Furan (shutterstock.com)

O metanol de furano é também utilizado na produção de plástico reforçado com fibra de vidro (PRFV). O plástico reforçado com fibra de vidro é um material muito forte para a construção de tanques, sistemas de tubagem e muito outro equipamento industrial. A resistência química e à corrosão do PRFV é maior do que a do material de aço. Tem uma longa vida útil e requer pouca manutenção. O PRFV é leve mas mecanicamente forte, com resistência a altas temperaturas, tendo por isso um bom isolamento térmico.

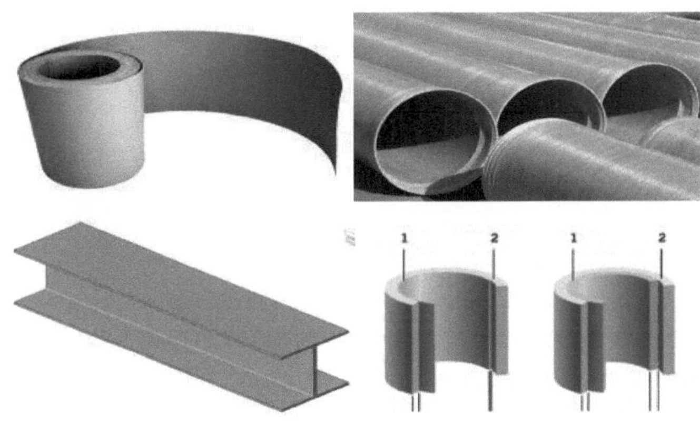

Placa 3. 3 Os produtos de plástico reforçado com fibra de vidro podem ser produzidos a
partir de metanol furano (https://www.okorder.com)

### 3.2.1: Conversão de metanol furano em resina de álcool furfurílico

O metanol de Furan reage com outra molécula de metanol de Furan catalisada por uma resina de policondensação ácida (Wang et al., 2011). Os oligómeros líquidos lineares consistem em anéis furanos ligados por uma ponte de metileno, tal como descrito no esquema 3.1. Os usos da resina furânica incluem o revestimento de tanques e cubas e tubagens e para tipos de cimento resistente aos álcalis (Brydson, 1999) como em Plate 3.1.4b. A resina de metanol de furano é útil em materiais de construção como cimento, ligantes cerâmicos, revestimento de betão, vedantes de betão, ligantes resistentes à corrosão, fabrico de fibra de vidro, tijolos refractários, argamassas e argamassas (Lou et al., 2020) como mostra a Placa 3.1.5.

2-Furan methanol

Furfural alcohol resin

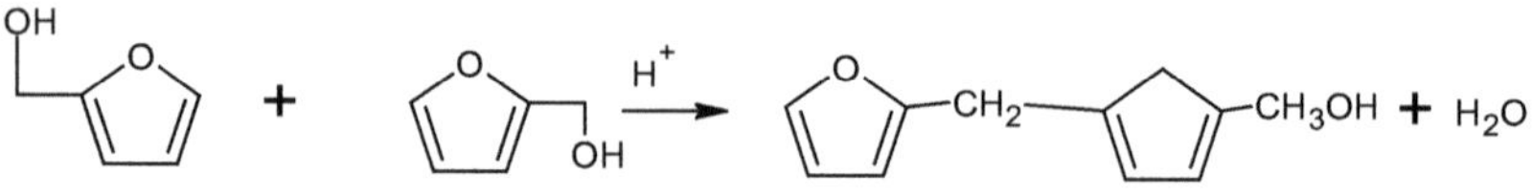

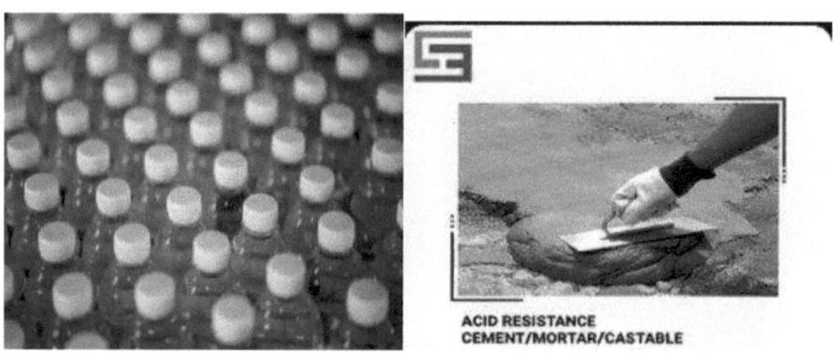

Esquema 3.1: Conversão de metanol furano em resina alcoólica furânica

(a) Plástico de Furan (b) Cimento de Furan

Placa 3. 4: Produtos de plástico e cimento que podem ser produzidos a partir de metanol furano (de: indiamart.com)

### 3.2.2 Conversão de metanol furano em ácido maleico

O metanol de furano também pode ser utilizado para produzir ácido maleico usando $H_2 O_2$ oxidante, silicato de titânio (TS-1) como catalisador e ácido acético como solvente como no Esquema 3.2 (Lou et al., 2020).

2-Furan methanol

Maleic acid

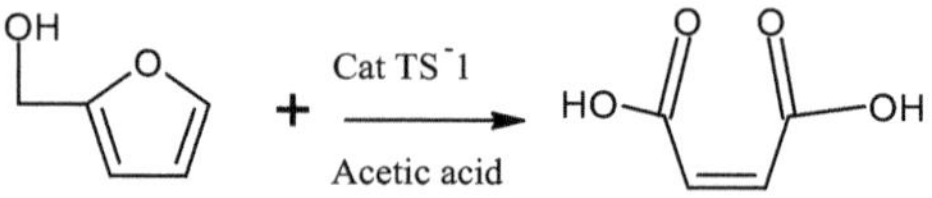

Esquema 3.2: Conversão de metanol furano em ácido maleico

(a) Revestimento à prova de ácido alcalino e refractário b) Bomba de argamassa de desgaste resistente à corrosão

Placa 3. 5: Revestimento refractário e bomba de argamassa Produtos que podem ser feitos de resina de metanol furano (de: refractoriesmaterials.com & everychina.com)

## 3.3 Furfural de Metilo

O metilfurfural é um líquido transparente ligeiramente amarelo ligeiramente solúvel em água, solúvel em óleos, miscível com etanol, solúvel em benzeno, tolueno e tetracloreto de carbono. Tem um odor doce, picante e quente, com um sabor doce a caramelo. Ferve a 187° C e tem o número CAS 629-02-0 (Chemical Book, 2021). O seu nome IUPAC é 5-metil furano-2-carbaldeído com uma gravidade específica de 1,107 a 25° C. O metilfurfural um ingrediente aromatizante tem 6 átomos de carbono, 6 átomos de hidrogénio e 2 de oxigénio (como representado na Figura 3.2) com um peso molecular de 110.11g/mol, encontrado naturalmente na pimenta (NIH, recuperada em 2019) e também na ginja, maçã, sumo de laranja, arando, mirtilo, goiaba, uva, passas, pêssego, amora, compota de morango, espargos, cenoura, cebola, batata, pimentão, tomate, canela, casca, broto de cravo, pão, queijo parmesão, iogurte, manteiga, ovo, peixe gordo, carne de vaca, fígado de porco, cerveja, conhaque, café, chá, etc.

Pode ser produzido a partir de amido e 5-hidroximetilfurfural (Peng et al., 2019). Tem sido amplamente utilizado em alimentos, medicina, pesticidas, cosméticos (Placa 3.2) e outras indústrias e também como biocombustível. Pode ser produzido a partir de 5-hidroximetil furfural, mas aqui foi produzido directamente a partir da extracção hidrotérmica de *Gemilina arborea* morta, deixando mais de 3% de ácidos sulfúricos com uma composição de 13,02% por Ibrahim et al. (2017).

Figura 3.2: Fórmula estrutural de 5-metil furfural

Placa 3. 6: Produtos de perfume que podem ser feitos de 5-metil furfural (de: made-in-china.com).

Exercício 3

1. Diga como iria purificar o metanol de 2-furan da sua mistura em água?
2. Estado 3 aplicações de combustível de metanol furano
3. Justificar a razão pela qual até 50% da produção mundial de furfural é convertida em metanol furano.
4. O furfural de metilo é um viciante alimentar, justifica.

# CAPÍTULO QUATRO

## 5-Hidroximetil Furfural E SUAS UTILIZAÇÕES

### 4.1 Introdução

O composto, 5-Hidroximetil furfural (HMF) tem o número CAS 67-47-0 com 6 átomos de carbono, 6 átomos de hidrogénio e 3 átomos de oxigénio ($C_6 H_6 O_3$) como apresentado na Figura 4.1. Derrete a 32-35° C e ferve a 291-292° C. Tem uma gravidade específica de 1,24 a 25° C, e um índice de refracção de 1,562 a 20° C. É sólido branco (como descrito na Placa 4.1) embora as amostras comerciais sejam maioritariamente amarelas, facilmente solúveis em água e em muitos solventes orgânicos. É livremente solúvel em metanol, etanol, acetona, acetato de etilo e dimetilformamida solúvel em éter, benzeno, e clorofórmio. É menos solúvel em tetracloreto de carbono e moderadamente solúvel em éter de petróleo (PuChem, 2021).

5-Hydroxymethyl furfural

Figura 4.1: Fórmula estrutural de 5-hidroximetil furfural

Placa 4. 1: 5-Hydroxymethyl furfural
crystals (de: chemicalbook.com)

HMF pertence ao membro das famílias furan com substituintes de formil e hidroximetilo fixados nas posições 2 e 5 respectivamente. É produzido a partir de alimentos que contêm açúcares durante a secagem ou cozedura. É também produzido a partir de açúcares simples por desidratação. HMF é um produto intermediário para os seguintes compostos importantes: 2, 5-

35

dimetil furano (DMF), ácido levulínico, 2, ácido 5-furan dicarboxílico (FDA), ácido 5-hidroxi-4-keto-2-pentanóico, dihidroximetil furano e 2, 5-diformyfuran (DFF) (Rosatella et al., 2011), tal como descrito no esquema de reacção 4.1. O hidroximetilfurfural foi extraído com sucesso das folhas de *Acassia sieberianna* utilizando base e catalisador ácido. A extracção hidrotérmica das folhas de *Acassia sieberianna* sobre hidróxido de sódio por Ibrahim et al. (2021) e sobre ácido sulfúrico por Ibrahim et al. (2019) rendeu 91,8% e 82,4% respectivamente.

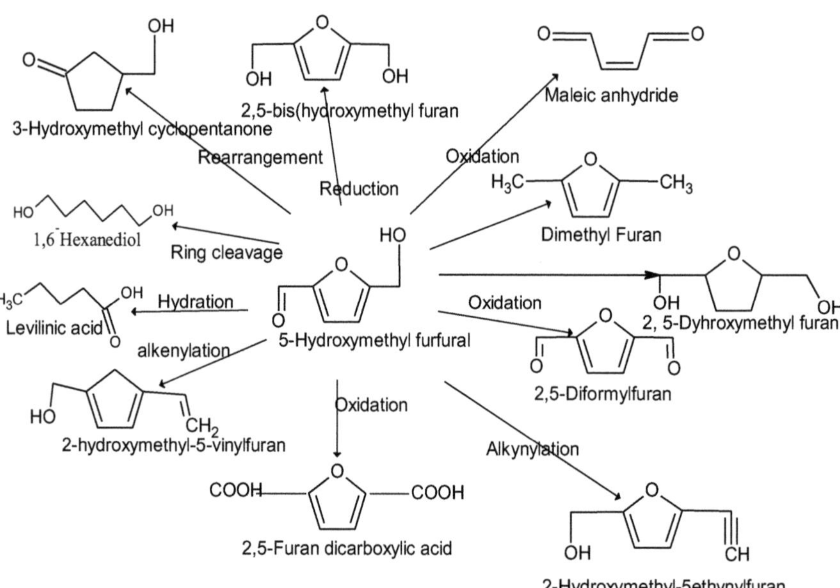


Esquema 4.1: Conversão de 5-hidroximetil furfural para outros produtos

## 4.2 Conversão de ácido hidroximetil furfural em ácido maleico (Ma)

O ácido maleico tem um nome IUPAC como ácido cis-butenodióico ($HO_2CCH=CHCO_2H$), é um ácido dibásico orgânico insaturado, utilizado na produção de muitos produtos úteis, incluindo resinas de poliéster, produtos farmacêuticos, agroquímicos, plastificantes, aditivo lubrificante, químicos fotográficos e revestimento de superfície de veículos, e no fabrico de ácido fumárico. Wojcieszak et al. (2015) afirmaram que o ácido maleico é uma importante matéria-prima utilizada no fabrico de resinas de poliéster insaturadas (Plate 4.1), revestimentos de superfície, copolímeros e outros. Wojcieszak et al. (2015) relataram a produção de 52% de MA a partir da conversão de HMF sobre catalisador VO em meio solvente acetonitrilo a 90° C, tal como apresentado no Esquema 4.1.

Esquema 4.2: Conversão de ácido hidroximetilfurfural em ácido maleico



Placa 4.2: Produtos que podem ser obtidos a partir de ácido maleico (de: ipsnews.net)

O ácido maleico também pode ser produzido a partir de HMF sobre silicato de titânio (TS-1) catalisador usando $H_2 O_2$ como um oxidante em meio solvente ácido acético, como demonstrado no esquema de reacção 4.3.

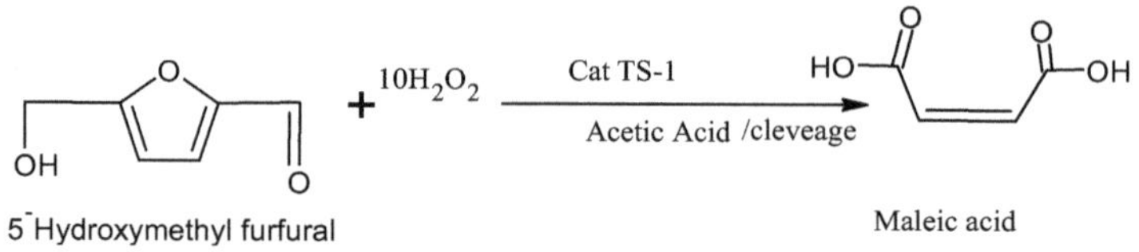

$$\text{5'Hydroxymethyl furfural} + 10H_2O_2 \xrightarrow[\text{Acetic Acid /cleveage}]{\text{Cat TS-1}} \text{Maleic acid}$$

Esquema 4.3: Conversão de ácido hidroximetilfurfural em ácido maleico sobre o gato TS-1

## 4.3 Conversão de Anidrido Hidroximetil Furfural em Anidrido Maleico (MAH)

Li e Zhang (2016) relataram a conversão de 5-hidroximetil furfural em anidrido maleico sobre catalisador sólido à base de vanádio com ou sem suporte de sílica obtido 79% de rendimento, como descrito no esquema 4.4. É utilizado no fabrico de resinas de poliéster insaturadas (UPR), fibra de vidro, etc. Os plásticos reforçados com fibra de vidro que são utilizados numa vasta gama de aplicações, tais como barcos de recreio (chapa 4.3), instalações sanitárias, automóveis, tanques e tubos são fabricados adicionando fibras de vidro cortadas a resinas de poliéster insaturadas. É um produto intermédio para a produção de poliuretanos termoplásticos, elastano/Spandex, polibutylenes tereftalato (BT) e muitos outros produtos.

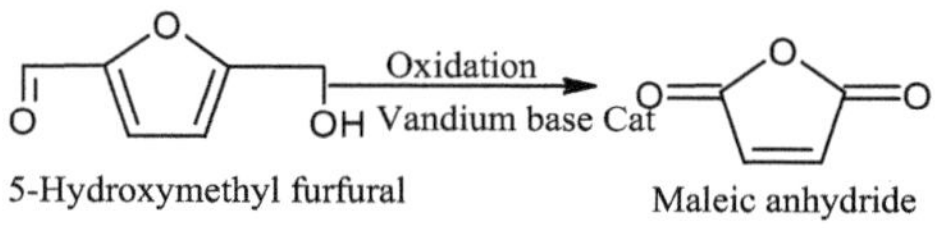

$$\text{5-Hydroxymethyl furfural} \xrightarrow[\text{Vandium base Cat}]{\text{Oxidation}} \text{Maleic anhydride}$$

Esquema 4.4: Conversão de anidrido 5-hidrometílico furfural em anidrido maleico

Placa 4. 3: Um barco de lazer pode ser feito de anidrido
maleico (de: shutterstock.com)

## 4.4 Conversão de Hydroxymethyl Furfural em Methyl Furfural

O metilfurfural é utilizado como um potencial marcador de idade para o vinho da Madeira. Tem um papel como produto de reacção de Maillard, um metabolito humano. O metilfurfural é utilizado como aromatizante alimentar e como agente antitumoral como material intermediário para a produção de perfumes (Placa 4.3), produtos farmacêuticos e químicos agrícolas (Hamada et al., 1982: Yang e Sen, 2011). O metilfurfural é produzido a partir de 5-hidroximetilfurfural através da redução do clorometilfurfural num solvente orgânico com um catalisador paládio (Hamada et al., 1982), como descrito no Esquema 4.5.

Esquema 4.5: Conversão de 5-hidroximetilfurfural em metilfurfural

Placa 4.4: Metilfurfural (de: chemicalbook.com)

## 4.5 Conversão de Hydroxymethyl Furfural em Dimetil Furan

O dimetilfurano é um combustível líquido amarelo claro inflamável (placa 4.5) com um odor cáustico aromático é um dos componentes do fumo do charuto com baixa toxicidade biliar. Os seus outros nomes são: dimetilfurano, furano 2, 5-dimetilo e 2, 5-dimetilfurano. O seu número CAS é 625-86-5, derrete a -85° C e ferve a 93,5° C. Tem um peso molecular de 96,13g/mol, uma densidade de 0,8897g/cm$^3$ a 25° C, um ponto de inflamação de 30,2° C insolúvel em água mas solúvel em etanol (PubChem, 2021). Tem uma densidade de energia 40% superior à do etanol e da Octana de pesquisa número 101, o que permite a sua utilização em taxas de compressão elevadas do motor para uma melhor economia de combustível (Dashen et al., 2020).

Endot (2017) relatou que o dimetilfurano foi produzido pela primeira vez a partir da conversão de 5-hidroximetilfurano via 2-metilfurano metanol em 1980 por redução utilizando hidrazina ($N_2 H_4$ ) e seguido de hidrogenação sobre Pb/C como catalisador e ciclohexeno como fonte de hidrogénio a 80° C, conforme apresentado no Esquema 4.6.

Esquema 4.6: Produção de dimetilfurano a partir de hidroximetilfurfural

Placa 4.5: Dimetilfurano (de: sincerechemical.com)

Foram estudados vários métodos de conversão de HMF para DMF. O método que produziu a maior conversão de HMF (100%) e a maior selectividade de DMF (100%) é o que utilizou água e $CO_2$ como solvente a uma temperatura de reacção de 80° C, durante 2 horas, a pressão de 10 bar sobre o catalisador Pd/C (n-Leshkov et at., 2007). No entanto, a fonte de HMF é o açúcar, que não é barato. A produção a partir de folhas mortas seria a mais barata, uma vez que estas folhas mortas não têm valor de mercado.

O dimetilfurano é considerado útil como um necrófago para o oxigénio de uma só tonelada, uma propriedade que tem sido explorada para a determinação do oxigénio de uma só tonelada em águas naturais. Tem um papel como um metabolito urinário humano, um agente antifúngico, um metabolito bacteriano, um fumigante, um combustível, um metabolito vegetal e um produto de reacção de Maillard. É também um bom combustível para ser utilizado como gasolina. Tem maior densidade energética e maior ponto de ebulição do que o etanol, para além de ser insolúvel na água, tornando-o melhor combustível do que o etanol.

## 4.6 Conversão de Ácido Dicarboxílico 5-Hidroximetil Furfural em Ácido Dicarboxílico de Furan

O ácido dicarboxílico de Furan tem o número CAS 3238-40-2 foi produzido pela primeira vez por Rudolph Fitting e Heinzelmann em 1876 através da acção do ácido hidrobrómico concentrado com ácido múcico (Deshan et al., 2020) tal como apresentado no Esquema 4.7. Ferve a 420° C e tem uma gravidade específica de 11,8 solúvel em água.

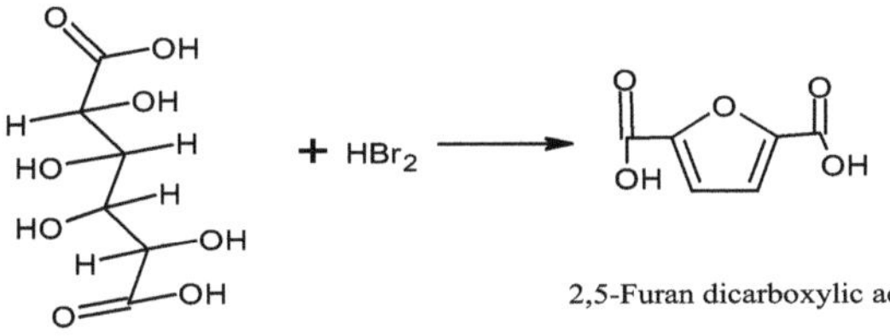

Mucic acid

2,5-Furan dicarboxylic acid

Esquema 4.7: Produção histórica de ácido dicarboxílico 2, 5-furan

Um dos produtos importantes do 5-hidroximetil furfural é o ácido dicarboxílico 2, 5-furan. É um composto muito importante que agora substitui o perigoso ácido tereftálico na produção de plástico (Ibrahim et al., 2019). Smith (2015), relatou que o ácido tereftálico pode causar irritação do nariz, garganta e pulmões e também causar tosse, pieira e falta de ar. A aplicação de ácido 2, 5-furan dicarboxílico para a produção de furoato de polietileno (PEF) foi encontrado um substituto muito bom para o politereftalato de polietileno (PET), omnipresente mas tóxico, que é um produto petrolífero. As embalagens alimentares feitas com PEF são muito melhores conservantes do que as feitas com PET, pois o PEF é 10 vezes e 6-10 vezes $O_2$ e as barreiras $CO_2$ (Iroegbu, 2020). O FDCA é um monómero para poliéster (Placa 4.6), poliuretano, e poliamida utilizado para a produção de cordas, têxteis, revestimento, gomas, calçado, etc. (Iroegbu, 2020). A conversão de 5-hidroximetil furfural usando peróxido de hidrogénio e hidróxido de potássio a 70° C em 15 minutos para furano 1, ácido 5-dicarboxílico com um rendimento de 55,6% é relatada por Zhang e Zhang (2017) como esquema apresentado 4.8.

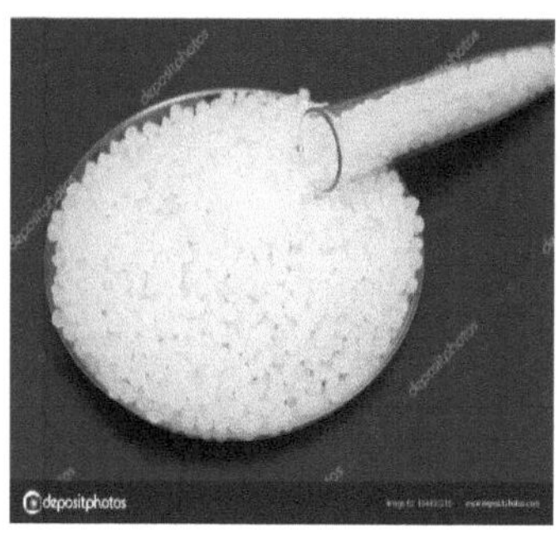


Esquema 4.8: Conversão de HMF para 2, ácido dicarboxílico 5-furan

(a)  Furoato de polietileno          (b) Plástico furoato de po-

4.6: Poliésteres que podem ser produzidos a partir de ácido dicarboxílico furano (de: special-chemical.com)

## 4.7 Conversão de hidroximetil Furfural em dihidroximetil Furan

O dihyroxymethyl furan também chamado Bis 2,5-(hydroxymethyl furan), é um furan que transporta dois hydroxymethyls em 2 e 5 posições com uma massa molecular de 128,13g/mol e número CAS 1883-75-6 (Pubchem, 2019). É um composto sólido branco com um ponto de fusão de 74 a 77° C, ferve a 275° C, uma densidade de 1,282g/cm$^3$ e um ponto de intermitência de 120° C (Chemical book, 2019). É solúvel em solventes orgânicos tais como etanol, DMSO, e dimetilformamida (DMF). O di-hidroximetilfurano tem 6 átomos de carbono, 8 átomos de hidrogénio e 3 átomos de oxigénio ($C_6 H_8 O_3$ ). O di-hidroximetilfurano é utilizado no fabrico de poliéster, poliuretano (Placa 4.7)

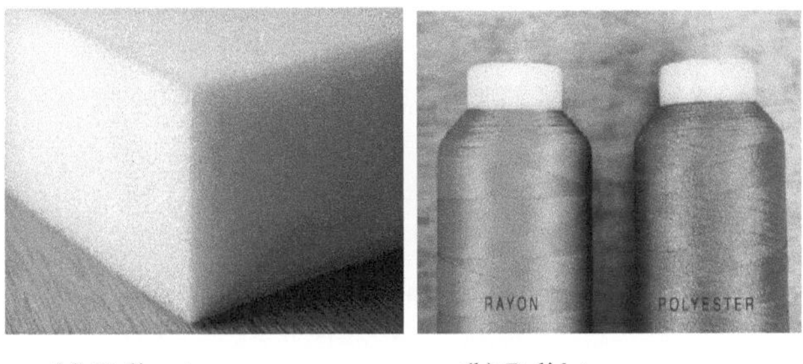

<table>
<tr><td>(a) Poliuretano</td><td>(b) Poliéster</td></tr>
</table>

Placa 4.7: Produtos que podem ser feitos de DHMF (de: purios.com & core-difference.com)

Chatterjee et al., (2014), dihidroximetilfurano sintetizado a partir de 5-hidroximetilfurano usando catalisador Pt/MCM-41 a 35° C durante 2 horas de tempo de reacção e pressão de 0,8 MPa como apresentado no Esquema 4,9. O carbonilo da ligação carbono-oxigénio (C=O) é reduzido a carbono-hidroxilo (C-OH).



Esquema 4.9: Conversão de HMF para 2, 5-Dihidroximetilfurano

## 4.8 Conversão de 5-Hidroximetil Furfural em 3-Hidroximetil Ciclopentanona

Hydroxymethyl cyclopentanone tem o número CAS 113681-11-1. É solúvel em clorofórmio, diclorometano, acetato de etilo, acetona e outros solventes orgânicos. A hidroximetil ciclopentanona é um precursor da síntese do epijasmonato de metilo também um intermediário na preparação de antagonistas dos receptores da quimiocina CCR-5 do HIV. Foi relatado por Ramos et al. (2017) que até 86% de 3-hidroximetil ciclopentanona foi produzida a partir de 5-hidroximetil furfural sobre $Co/Al_2O_3$ catalisador, tal como apresentado no Esquema 4.10. O 5-hidroximetilfurfural é reduzido, decacarbonilado, rearranjado e depois oxidado.

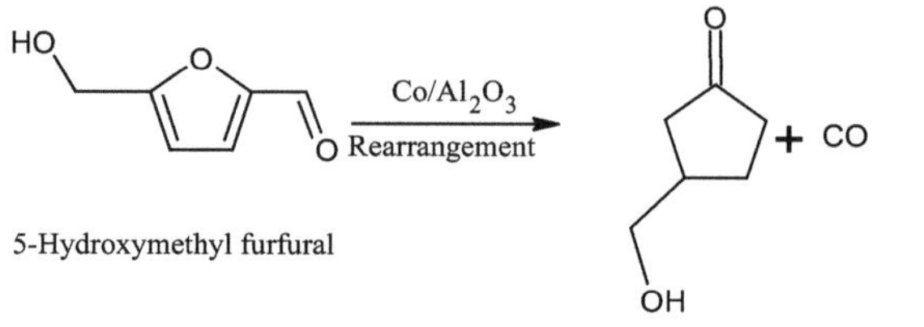

5-Hydroxymethyl furfural

3-Hydroxymethyl cyclopentanone

Esquema 4.10: Conversão de HMF em HMCP

## 4.9 Conversão de 5-Hidroximetil-para-1, 6-Hexanediol

O Hexane-1,6-diol tem CAS No 629-11-8, derrete a 42° C e ferve a 102° C com uma massa molecular de 118,1 g/mol. É um sólido cristalino branco (placa 4,8) solúvel em água e álcool com uma densidade de 0,967g/cm$^3$ a 25° C. Xiao et al. (2015) relataram a produção de 1, 6-hexanediol por redução de 5-hidroximetil furfural sobre catalisadores de dupla camada de Pb/SiO$_2$ e Ir-ReOx/SiO$_2$ tal como apresentado no Esquema 4.11. O Hexanediol tem baixa toxicidade, hidrossolúvel, higroscópico, sólido cristalino incolor amplamente utilizado para a produção industrial de poliéster e poliuretano. O hexano-1, 6-diol é considerado muito importante devido aos seus dióis com hidroxilos duplos nos terminais da molécula. Esta estrutura torna-o um monómero adequado para a síntese de polímeros tais como poliéster, poliuretano, adesivos e poliésteres insaturados. Também reportado por Xiao et al. (2015), os poliésteres produzidos a partir de 1, 6-hexanediol são superiores ao politereftalato de polietileno (PET) a partir do petróleo porque possuem propriedades superiores em flexibilidade e resistência à estabilidade cáustica e hidrolítica.

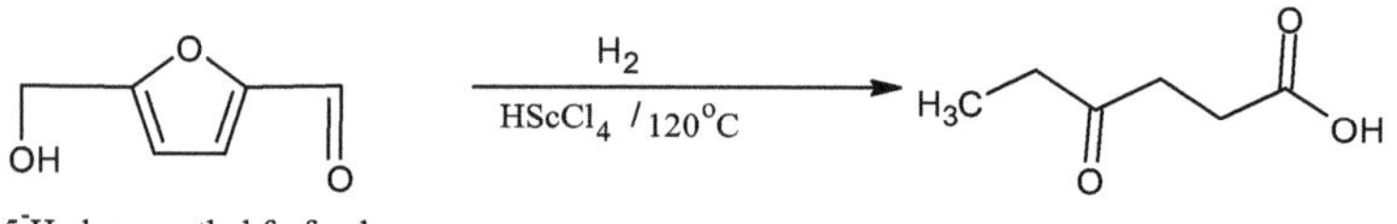

5-Hydroxymethyl furfural

Levulinic acid

Esquema 4.11: Conversão de 5-hidroximetil furfural em 1, 6-hexanodiol

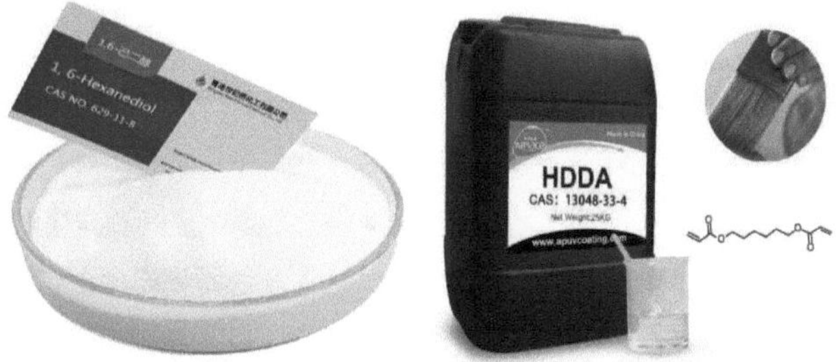

Placa 4.8: Produtos que podem ser feitos de DHMF (de: purios.com & coredif-ference.com)

## 4.10 Conversão de 5-Hidroximetil Furfural em Hidroximetil-2-Vinilfurano

Yoshida et al. (2008), relataram a preparação de 5-hidroximetil-2-vinilfurano a partir da mistura de 5-hidroximetilfosfural, e brometo de metilfosfónio, carbonato de potássio, água de-sionizada e 1, 4-dioxano a 90° C durante 3 horas, como mostrado no Esquema 4.12. Trata-se de um adesivo versátil, tal como se mostra no Esquema 4.10. HMVF pode ligar-se a uma variedade de substratos, *por exemplo* metal, vidro, plástico e borracha, sob aquecimento ou tratamento ácido à temperatura ambiente.



Esquema 4.12: Conversão de HMF para 2-hidroximetil-5-vinilfurano

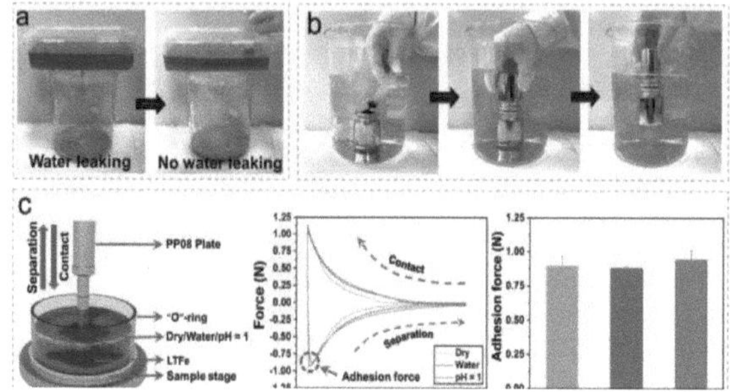

Placa 4.9: Adesivo que pode ser produzido a partir de 5-hidroximetil-2-vinilfurano (de: sciencedirect.com)

## 4.11 Conversão de Ácido Hidroximetil Furfural em Ácido Levulínico

O ácido levulínico cuja nomenclatura IUPAC4 é ácido 4-oxopentanóico é um ácido carboxílico de cadeia recta com o número CAS 123-75-6 funde a 33-35º C e ferve a 245,5º C (PubChem, 2022). Tem uma densidade de $1,145gcm^3$ solúvel em água, álcool e óleo (PubChem, 2022). Liu et al. (2021) relataram a conversão de 100% de 5-hidroximetil furfural em ácido levulínico a 95,6% de selectividade sobre o catalisador HScCl4 uma combinação de ácido bronsted HCl e ácido Lewis ScCl3 a uma temperatura de reacção 120º C durante 35 minutos, tal como apresentado no Esquema 4.13.

2-Chlorophenol  o-Hydroxyphenol

Esquema 4.13: Conversão de 5-hidrometanol furfural em ácido levulínico

O ácido levulínico é encontrado útil em resina, plastificante, têxtil, ração animal, revestimento, e como anticongelante e também no cuidado da pele como placa 4.10. Tem um efeito conservante para prevenir a acumulação microbiana em produtos cosméticos e de cuidado da pele (aiiacare, 2022). Pode ser convertido em ésteres como o levulinato de metilo e o levulinato de etilo para energia combustível, como na placa 4.11. A adição de levulinato de etilo ao gasóleo reduz significativamente a emissão de enxofre (Prescient & Strategic Intelligence, 2022).

 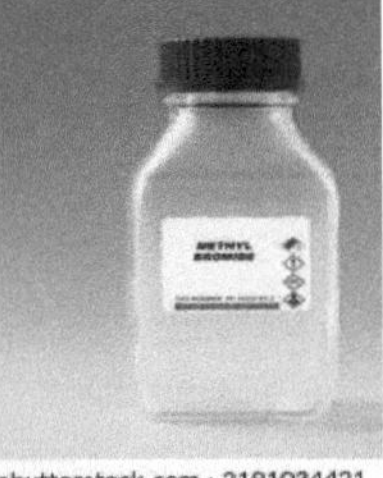 

(a) Produto de pele (aiiacare.com) (b) Levulinato de metilo     (c) Levulinato de etilo
(alibaba.com)

Placa 4.10: Pele e produtos combustíveis de levulínico

## Exercício 4

1. Quais são os biocombustíveis que podem ser produzidos a partir de 5-hidroximetil furfural?

2. O hidroximetilfurfural é um bloco de construção de produtos químicos, justifique.

3. Declarar os tipos de reacções que o HMF sofre.

4. Indicar a diferença entre metilfurfural e metilfurano.

5. Afirmar a superioridade do dimetilfurano sobre o etanol como combustível.

**CAPÍTULO CINCO**

**AÇÚCARES E FENÓIS E SUAS UTILIZAÇÕES**

## 5.1 Introdução

Os açúcares e fenóis foram extraídos das folhas residuais de Acacia auriculiformis e Gmelina arborea. Alguns dos extraídos incluem 3,4-altrosano, beta, D alose, 1,6-hidro D talopirose, levuglucosano e levuglucosenona. Alguns dos fenóis obtidos incluem, orto-fenol, metafenol, para-fenol e 2-hidroxi-4-metilfenol.

## 5.2 Açúcares

Os compostos de açúcares produzidos a partir da decomposição hidrotérmica de *Acacia auriculiformis* e folhas de *Gmelina arborea* sobre catalisadores de ácido sulfúrico com água como solvente foram Levoglucosan e levoglucosenona. Quando a Acacia *auriculiformis* foi hidrolisada com mais de 3% de ácido sulfúrico na água por Ibrahim et al. (2015), 3,6% dos produtos eram levoglucosan. A hidrólise das folhas de *Gmelina arborea* sobre ácido sulfúrico na água por Ibrahim et al. (2017) produziu 3,2% e 7,58% de levoglucosan e levoglocusenona, respectivamente. O fraco rendimento de açúcar poderia ser sugerido que a composição de celulose nas folhas é relativamente baixa.

## 5.2.1 Levoglucosan

Levoglucosan cujo nome I.U.P.A.C. é 1, 6-Anidro-beta-D-glucose é um metabolito humano e um marcador para a combustão do carvão bem como da madeira (PubChem, 2022). É um sólido fundido a 183° C com uma fórmula molecular de $C_6 H_{10} O_5$ e um peso molecular de 162,14g/mol (PubChem, 2022). A hidrólise do levoglucosan gera o açúcar fermentável, glicose. A sua estrutura está representada na Figura 5.1. O levoglucosano pode ser utilizado na síntese de polímeros quirais, tais como polímeros de glucose não hidrolisáveis. O Levoglucosan pode ser utilizado para a produção comercial de polímeros, solventes e produtos farmacêuticos, mas a sua produção é muito cara (Rover et al., 2019). O levoglucosano é descrito como um açúcar anidro, que é um dos principais componentes do bio-óleo da pirólise da biomassa (Wang et al., 2021). O levoglucosano (1, 6-anidro-β-d-glucopiranose) é o produto primário mais abundante formado durante a pirólise da celulose. Pode ser convertido em etanol para produção de combustível directamente ou através de glicose intermédia por processos hidrolíticos biológicos (Maduskar et al., 2018).

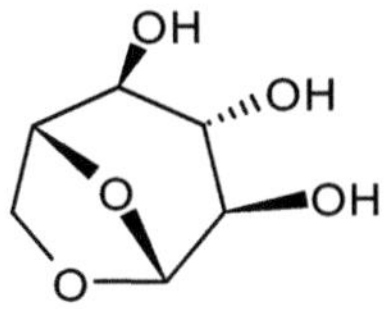

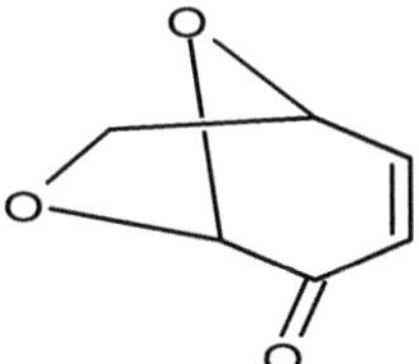

Levoglucosan

Figura 5.1: Fórmula estrutural do levoglucosan

## 5.2.2 Levoglucosenona

A levoglucosenona é uma anidrohexose e uma deoxi-ketohexose com fórmula molecular $C_6 H_6 O_3$ e peso molecular de 126,11g/mol, e número CAS de 37112-31-5 (PubChem, 2022). A sua estrutura está ilustrada na Figura 5.2. A levoglucosenona é descrita como uma molécula orgânica promissora e versátil que pode oferecer uma grande variedade de aplicações na síntese orgânica, incluindo o desenvolvimento de novas ferramentas para a síntese assimétrica, e a síntese enantio-específica de produtos complexos naturais e não naturais, e a química medicinal (Comba et al., 2017). Pode ser produzido por pirólise de biomassa (Comba et al., 2017).

Levoglucosenone

Figura 5.2: Fórmula estrutural da levoglucosenona

## 5.3 Fenóis

Como relatado por Lu et al., (2017), a lignina contém uma porção de 15-30 % em peso de madeira, dependendo da espécie da planta que é um polímero fenólico multisubstituído. Quando este polímero fenólico multisubstituído é decomposto quimicamente, são produzidos fenóis e outros derivados do benzeno (Wahyudiono et al. 2008). Três fenóis comuns extraídos de *Gmelina arborea,* conforme reportado por Ibrahim et al. (2017) foram o-hidroxilfenol, m-hidroxilfenol e p-hidroxilfenol, conforme mostrado na Figura 5.1. Há muitas variedades diferentes de estruturas de lignina e dependem da espécie vegetal. A extracção hidrotérmica de folhas caídas de *Gmelina arborea* com 3% de ácido sulfúrico a 100° C durante 30 minutos realizada por Ibrahim et al. (2017) produziu entre outros produtos 2,7% o-fenol, 3,05% m-fenol e 4,4% p-fenol. A figura 5.2 mostra duas estruturas químicas de lignina.

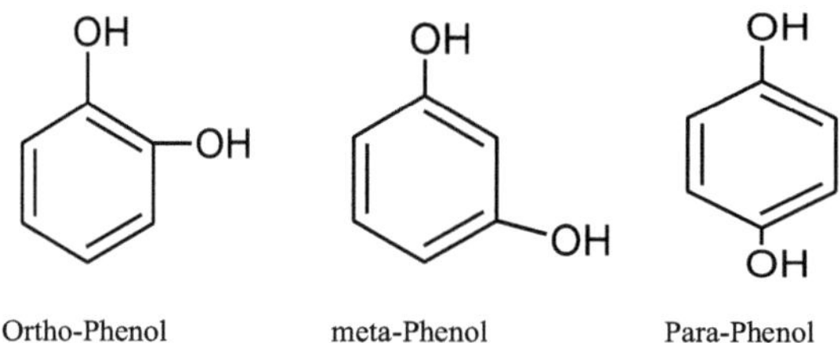


Figura 5. 3: Fórmulas estruturais dos três dióis de benzeno

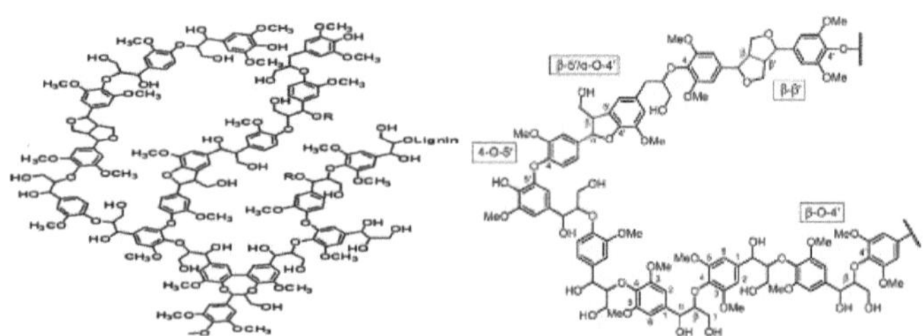

Figura 5.4: Estrutura química da lignina

### 5.3.1 Ortho-Hydroxyl phenol

Ortho-Hydroxyphenol tem muitos nomes triviais incluindo; Catechol; Pyrocatechol; o-Benzenediol; o-Dihydroxybenzene; o-Dioxybenzene; o-Hydroxyphenol; o-Phenylenediol; Catechol (fenol); Durafur developer c; Fouramine pch; Fourrine 68; Ácido oxifénico; Pelagol cinzento c; Ftalhidroquinona; Pirocatequina; Pirocatequina; 1,2-Dihidroxibenzeno; 2-Hidroxifenol; o-Hidroquinona (PubChem, 2021). É um composto orgânico tóxico com um número CAS 120-80-9, funde a 105º C, e ferve a 245º C e ponto de inflamação de 127,2º C (PubChem, 2021). Tem uma massa molecular de 110,111g/mol. É incolor a cristal branco, muito solúvel em água, solúvel em clorofórmio, etanol, muito solúvel em éter etílico, piridina, acetato de etilo e álcalis aquosos. Ortho-hydroxyphenyl foi inicialmente isolado por Edgar Hugo Emil Reinsch em 1939 quando o destilou do tânico sólido produzido a partir de catechina que era um resíduo de catechu o sumo cozido ou concentrado de *Mimosa catechu,* tal como apresentado no Esquema 5.1

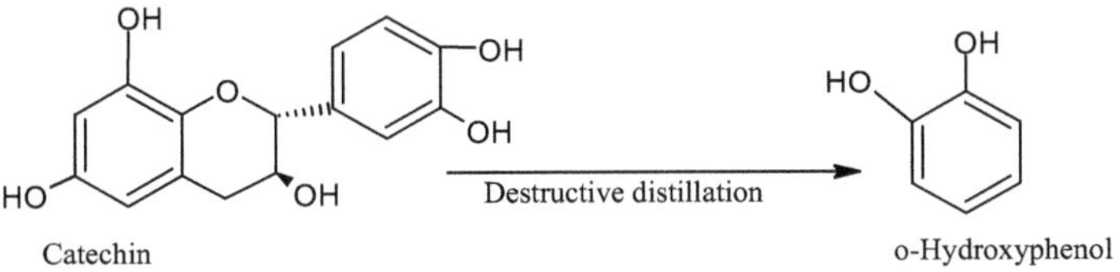

Esquema 5.1: Produção histórica de o-hidroxilfenol a partir da destilação destrutiva da catequina

Industrialmente, é produzido por hidroxilação de fenol utilizando peróxido de hidrogénio. Também, por hidroxilação de salicilaldeído com peróxido de hidrogénio ou 2-clorofenol numa solução aquosa quente de hidróxido de metal alcalino, como descrito no Esquema 5.2. A reacção de hidroxilação é uma oxidação da ligação carbono-hidrogénio (C-H) em ligação carbono-hidroxilo (C-OH) que é normalmente mediada por catalisador iónico metálico e calor em química orgânica (Raju, 2019).

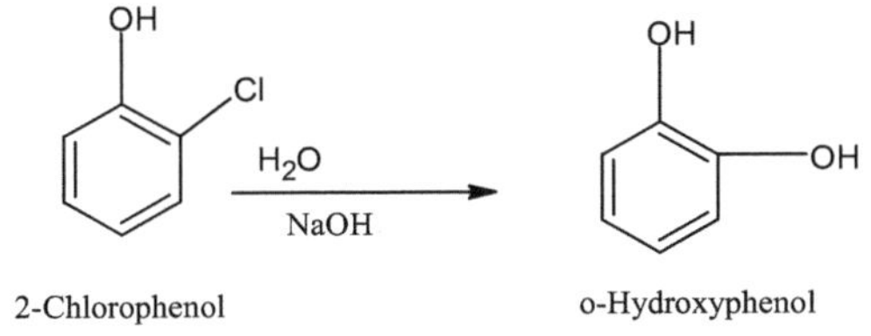

Esquema 5.2: Produção industrial de o-hidroxilfenol a partir de 2-clorofenol

Ortho-Hydroxyphenol é utilizado na produção de pesticidas, anti-sépticos, reagentes, conservantes antifúngicos para pedaços de tomate de semente, revelador fotográfico, revelador em corantes para peles. É também utilizado como antioxidante nas indústrias da borracha, química, tinturaria, farmacêutica, de gorduras, petrolífera e cosmética, como se mostra na Placa 5.1. É, portanto, um bloco de construção comum em síntese orgânica.

Placa 5.1: Produto cosmético que pode ser produzido a partir de o-Hidroxi fenol (de: amazon.com)

### 5.3.2 Meta-Hidroxifenol (Resorcinol)

O meta-hidroxifenol também conhecido como resorcinol tem o número CAS 108-46-3, também conhecido como 3-hidroxifenol, 1,3-dihidroxibenzeno, 1,3-benzenediol, m-benzenediol, m-hidroxiquinona, m-hidroxifenol, resorcinol, entre outros é um 1,3-isómero (ou meta-isómero) de benzenediol com a fórmula $C_6 H_4 (OH)_2$ . Derrete a 110° C, ferve a 277° C, muito solúvel em água a 110g/100ml a 20° C. É um sólido cristalino branco que se torna rosa na exposição ao ar com uma densidade de 1,28g/cm$^3$ (PubChem, 2021).

O Resorcinol foi preparado pela primeira vez por Heinrich Hlasiwetz e Ludwig Barth em 1864. É produzido por sulfonação de benzeno através do tratamento do benzeno com ácido sulfúrico a 199° C, que produz ácido monossulfónico. O produto, quando tratado com 65% oleum a 85° C, produz ácido m-dissulfónico. m-Benzeno sulfonato é fundido num meio alcalino de NaOH a 300° C para cristalizar m-hidroxilfenol e sulfureto de sódio como mostra o esquema 5.3.

Esquema 5.3: Conversão de benzeno-em-m-fenol.

Resorcinol um cristal sólido branco (Placa 5.2a) é usado para tratar acne, dermatite seborreica, eczema, psoríase, e outros distúrbios cutâneos. Também é usado para tratar calos, calos e verrugas e remover pele dura, escamosa, ou áspera. Encontra-se em medicamentos dermatológicos, com várias aplicações industriais que incluem; fotografia, bronzeamento, fabricação de pneus, adesivos, tintas de cabelo, resinas e cosméticos (Placa 5.2b&c), entre outros produtos. É utilizado no champô como agente anticaspa, solução 2% tem sido utilizada para tratar a febre dos fenos e a tosse convulsa, tratamento de úlceras gástricas, protecção de raios UV em protector solar, utilizado em material explosivo, produção de aerogel.

(a)  Resorcinol de cristais          (b) creme para a acne          (c) Loção de caspa

Placa 5.2: Produtos que podem ser produzidos a partir de produtos m-hidroxi fenol (de: correctiveskincarela.com)

### 5.3.3 Para-Hidroxilfenol (Hidroquinona)

A hidroquinona é uma substância em pó cristalina branca também conhecida como benzeno 1,4-diol, Lustra, Melquin, Melquin HP 4%, Alpiquin, Claripel, Clarite, Eldopaque, Melquin-3 Solução tópica, Lustra-AF, Lustra-Ultra, Eldoquin, Epiquin Micro, Esoterica, Melanen, Melpawue, Nuquin HPCream, Nuquin HP Gel e Solaquin. Tem o número CAS 123-31-9, funde a 173-174° C, ferve a 287° C, e tem um flashpoint de 165° C e gravidade específica de 1,3 a

15º C (PubChem, 2021). A sua solubilidade em água é de 70g/L a 25º C. Tem uma massa molar de 110,112 g/mol.

Foi produzido pela primeira vez pelos químicos franceses Pelletier e Caventou em 1820 através da destilação seca do ácido quínico, como mostra o esquema 5.4. A destilação seca é o aquecimento de material sólido em gasoso e pode condensar em líquidos ou sólidos. É produzido naturalmente nos corpos de escaravelhos bombardeiros como um químico de secreção defensiva. Também se encontra em plantas e fungos, incluindo o arbusto do caniche e o cogumelo Agaricus hondensis. No café 0,2 ppm, no vinho tinto 0,5 ppm, nos cereais de trigo 0,2-0,4 ppm e nos brócolos 0,1 ppm.

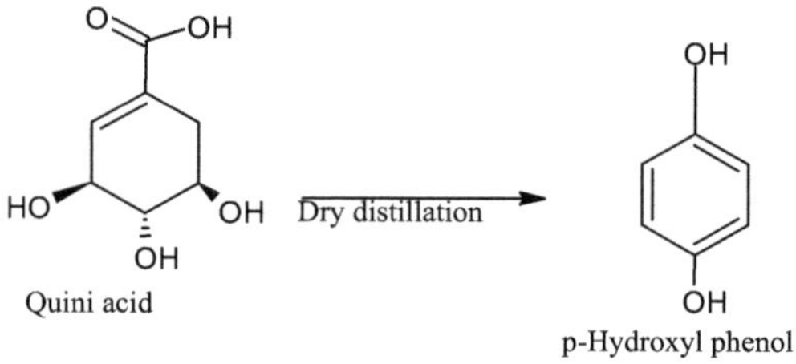

Esquema 5.4: Produção histórica de hidroquinona

Industrialmente, a hidroquinona é utilizada como agente redutor, revelador fotográfico, antioxidante para muitos produtos oxidáveis, inibidor de polimerização para certos materiais que polimerizam na presença de radicais livres, e intermediário químico para a produção de antioxidantes, antiozonantes, agroquímicos e polímeros. É utilizado em cosméticos para clarear a pele, tinturas capilares e preparações médicas, tal como apresentado na Placa 6.3. Branqueia a pele; por conseguinte, é utilizado para clarear o tom da pele existe como um creme, gel, loção ou emulsão. A sua recomendação de segurança é de 2% de concentração.

Placa 5.3: Produtos que podem ser feitos de hidroquinona (p-hidroxilfenol) (de: pinterest.com & alibaba.com)

Industrialmente, o método mais comum de produção de hidroquinona envolve a dialquilação do benzeno com propeno a 1, 4-diisopropil benzeno. Este produto reage com ar para dar peróxido de benzilo que se rearranja numa solução ácida para dar hidroquinona e acetona, tal como descrito no esquema 5.5. Outro método de preparação mais utilizado é a hidroxilação do fenol com peróxido de hidrogénio sobre um catalisador adequado para dar uma mistura de o-hidroxilfenol e p-hidroxilfenol, como mostrado no esquema 5.6. Muitos catalisadores diferentes têm sido utilizados para esta reacção.

Esquema 5.5: Produção de P-hidroxilfenol por dialquilação do propeno com benzeno

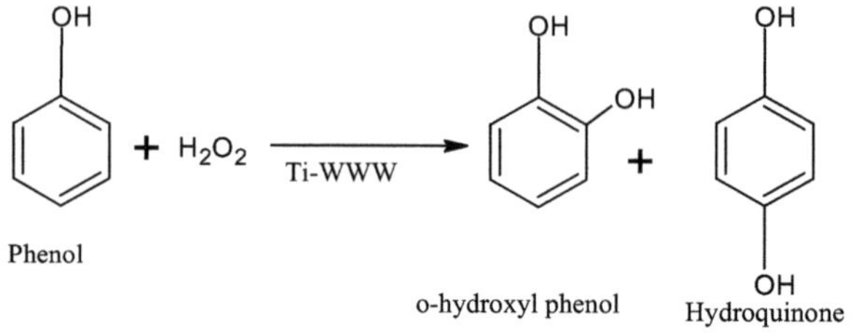

Esquema 5.6: Hidroxilação do fenol para a produção de o-, P-hidroxilfenóis

Exercício 5

1. Que componente da biomassa se decompõe em açúcares?
2. Qual é a componente principal dos fenóis na biomassa?
3. O que é que se entende por reacção de hidroxilação?
4. Explicar a destilação a seco.
5. Qual dos hidroxilfenóis é seguro para consumo?

# CAPÍTULO SEIS

## Ácidos gordos e os seus usos

## 6.1 Introdução

Os ácidos gordos são ácidos carboxílicos (orgânicos) constituídos por cadeias de hidrocarbonetos e grupos carbonílicos. São blocos de construção de óleos e gorduras do nosso corpo e dos alimentos que ingerimos. São produzidos no nosso corpo após a decomposição dos alimentos que ingerimos durante a digestão e absorvidos pela corrente sanguínea. São geralmente combinados em grupo de três com glicerol para formar triglicéridos (Kidshealth, 2022). Os ácidos gordos monoinsaturados e poli-insaturados proporcionam imunidade ao organismo contra doenças que incluem; ácido linoleico ($C_{18}$ $H_{32}$ $O_2$ ) ómega 6, α ácido linoleico ómega 3, γ ácido linolenóico ($C_{18}$ $H_{30}$ $O_2$ ) ómega 6 e ácido araquidónico ($C_{20}$ $H_{36}$ $O_2$ ) ómega 6. ácidos gordos ómega 3 e ómega 6 são ácidos gordos essenciais uma vez que podem ser sintetizados pelo nosso organismo. Os ácidos gordos monoinsaturados cis como o ácido oleico ($C_{18}$ $H_{34}$ $O_2$ ) e o ácido erúcico ($C_{22}$ $H_{42}$ $O_2$ ) são ómega-9 ajudam a reduzir o risco de doenças cardíacas, diminuem a inflamação e ajudam a melhorar o controlo do açúcar no sangue. Contudo, os ácidos gordos ómega 9 são ácidos gordos não essenciais uma vez que o organismo pode sintetizá-los ao contrário dos ácidos gordos ómega 3 e ómega 6 (Wikipedia, 2022).

Extracções catalíticas hidrotermais de *Acacia auriculiformis e* folhas mortas de *Gmelina arborea* produziram muitos componentes, juntamente com percentagens mais elevadas de ácidos gordos. Até 70% dos ácidos gordos foram obtidos, dependendo do tipo e quantidade de catalisador utilizado. Alguns dos ácidos gordos extraídos da *Acacia auriculiformis e Gmelina arborea* são ácido hexanóico, ácido nanoico, ácido decanóico, ácido tetradecanóico, ácido 2, ácido 4-pentadienóico, ácido 9-hexadecenóico, ácido hexadecenóico, ácido oleico, ácido 9,12-octadecadienóico, ácido 9-octadecenóico. ácido octadecanóico (esteárico), e ácido não adecanóico. Também, extraído das folhas de *Gmelina arborea e Acacia auriculiformis* sobre NaOH, o catalisador do cloreto de zinco era ésteres alquílicos de ácidos gordos incluem, 9, 12, 15-octadecatrienóico éster metílico do ácido, 9, 12-octadecadienóico éster metílico do ácido, éster metílico do ácido oleico, éster diisooctilo do ácido 1, 2-benzeno dicarboxílico, éster metílico do ácido hexadecenóico, ácido benzóico, éster 2-hidroxi-pentilo, éster ftálico do ácido di (2-propilpentilo) (Ibrahim et al., 2021).

Os ácidos gordos são utilizados na produção de biocombustíveis, numerosos produtos alimentares, sabões, detergentes, cosméticos e drogas. Alguns deles estão saturados, outros estão

57

monoinsaturados e outros são polinsaturados. Alguns são considerados como ácidos gordos essenciais e são ácido linoleico (Omega 6) e ácido alfa-linolénico (Omega 3) presentes nos óleos vegetais. Os benefícios do ómega 3 incluem: pressão sanguínea mais baixa, reduzindo os triglicéridos, retardando o desenvolvimento da placa nas artérias, reduzindo as hipóteses de ritmos cardíacos anormais, reduzindo a probabilidade de ataque cardíaco e AVC, e diminuindo as hipóteses de morte cardíaca súbita em pessoas com doenças cardíacas.

## 6.2 Ácido tetradecanóico

O ácido tetradecanóico era trivialmente conhecido como ácido mirístico, é um ácido gordo saturado de cadeia longa com 14 átomos de carbono (como representado na Figura 6.1) encontrado naturalmente no óleo de palma (1g/100g), óleo de coco (17g/100g) e gorduras de manteiga (PubChem, 2022). Também, em gorduras animais, tais como carne, ovos, leite, peixe e crustáceos (Toscana, 2022). É um sólido cristalino branco oleoso (mostrado na Placa 6.1a) que derrete a 53,9° C e ferve a 326,2° C. É insolúvel em água, mas solúvel em etanol, metanol, acetona, clorofórmio e benzeno e ligeiramente solúvel em éter etílico (PubChem, 2022). O seu número CAS é 544-63-4, densidade de 0,8622g/cm³ e viscosidade de 5,83mPas a 70° C.

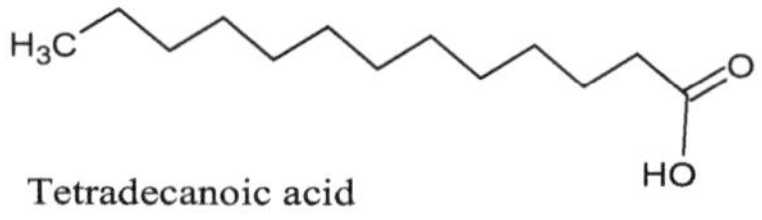

Figura 6.1: Fórmula estrutural do ácido tetradecanóico

Foi descoberta pela Playfair L. em 1841 na noz-moscada que é a semente da árvore tropical *Myristica fragrans*, da qual o seu nome (Tuscany, 2022). A noz-moscada constitui cerca de 75% da trimeiristina, o triglicérido do ácido mirístico. É utilizada em sabão e creme de barbear, como se mostra na Placa 6.1b. O ácido tetradecanóico pode ser convertido em tetradecanoato de metilo, com metanol sobre ácido sulfúrico, como mostrado no Esquema 6.1, um biocombustível com uma viscosidade de 3,71mPas, número de cetano de 70,69 e valor energético de 43,0 MJ/kg (Ibrahim et al., 2019).

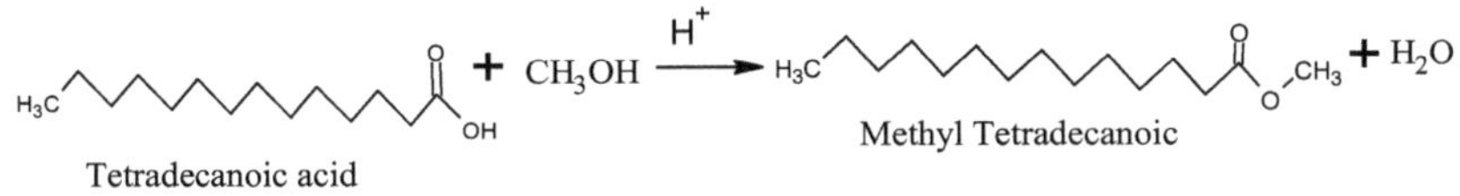

Esquema 6.1: Conversão de ácido tetradecanóico em tetradecanoato de metilo



(a) Cristais de ácido tetradecanóico       b) **Creme de**      ervas      Ácido Tetradecanóico

Placa 6. 1: Ácido tetradecanóico e o seu creme herbal (de: made-in-china.com)


## 6.3 Ácido hexadecanóico

O ácido hexadecenóico é um composto sólido cristalino branco-amarelado funde a 61,8° C e ferve a 351,5° C, insolúvel em água mas solúvel em etanol, acetato, e benzeno, muito solúvel em clorofórmio e miscível com éter etílico (Pubchem, 2022). Tem uma gravidade específica de 0,8527, é praticamente inodoro, e tem o número CAS 57-10-3 (Pubchem, 2022). Encontra-se em animais e plantas, como na cera de abelhas, como componente do óleo essencial da planta Ficus (Chemical Safety Fact.org, 2022). É utilizado como pesticida, antioxidante, e tem um papel anti-inflamatório, uma vez que exibe actividade inibidora na cinética enzimática da fosfolipase (Pubchem, 2022). É utilizado na maquilhagem da pele (cosmética) para cobrir manchas, como apresentado na Placa 6.2, em surfactantes como agente de limpeza. A figura 6.2 mostra a fórmula estrutural do ácido hexadecenóico.

Figura 6.2: Fórmula estrutural do ácido hexadecenóico

O ácido hexadecenóico pode ser convertido em hexadecanoato de metilo ($C_{17} H_{34} O_2$) e hexadecanoato de etilo ($C_{18} H_{36} O_2$) por esterificação com metanol e etanol, respectivamente. As reacções são apresentadas nos Esquemas 6.2 e 6.3, respectivamente.

Esquema 6.2: Conversão de ácido hexadecenóico em hexadecanoato de metilo

O hexadecanoato de metilo é utilizado como biocombustível. Tem uma viscosidade dinâmica de 5,008mPas, um número de cetano de 81,9 e um valor energético de 41,699MJ/kg (Ibrahim et al., 2019).

Placa 6. 2: Produtos de pele com ácido hexadecanóico (de: fleurandbee.com)

H3C / O / OH / Hexadecanoic acid + C2H5OH / H2SO4 / H3C / O / O—CH3 / Ethyl hexadeanoate

Esquema 6.3: Conversão de ácido hexadecenóico em hexadecanoato de etilo

### 6.3.1 Conversão de ácido hexadecanóico em alcanos

O ácido hexadecanóico (palmítico) pode ser convertido em alcano através de descarboxilação hidrotérmica num meio aquoso sobre Pt sobre carbono a 290° C durante 1,5 horas. Esta reacção foi relatada por Edeh et al. (2019) com o resultado de um rendimento de 55,3% de pentadecano um componente diesel. O esquema 6.4 descreve a conversão do ácido hexadecanóico em pentadecanoico.

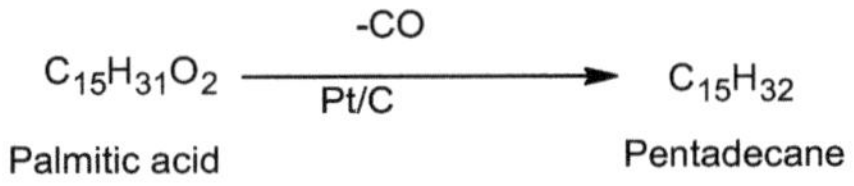

$$C_{15}H_{31}O_2 \xrightarrow[\text{Pt/C}]{-CO} C_{15}H_{32}$$

Palmitic acid                     Pentadecane

Esquema 6.4: Descarboxilação hidrotérmica do ácido hexadecanóico

## 6.4 Ácido oleico

O ácido oleico foi sintetizado a partir de folhas caídas de *Gmelina arborea* sobre $ZnCl_2$ catalisador mais de 76% de selectividade. O ácido oleico tem uma gravidade específica de 0,895, ferve a 360° C, e é solúvel em etanol com uma massa molecular de 282,468g /mol. É útil para a produção de sabões, é utilizado como agente emulsionante como emoliente e também como omega-9, tal como apresentado na Placa 6.3. A figura 6.3 mostra a estrutura do ácido oleico. A esterificação do ácido oleico com metanol e ácido sulfúrico como catalisador produziria oleato de metilo. O oleato de metilo é um componente do biodiesel.

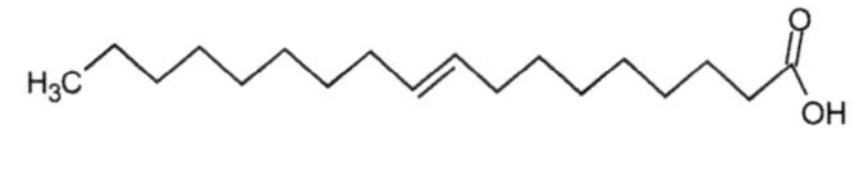

Figura 6.3: Estrutura Ácido oleico

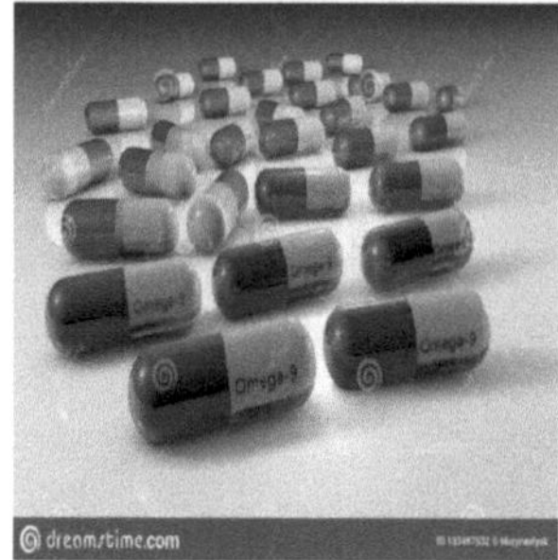

Placa 6. 3: Ácido oleico Omega-9 que pode ser obtido de ácido oleico para usos cutâneos (de: dreamtime.com & pinterest.com)

## 6.4.1 Oleato de metilo

Segundo Aesar (2020), o oleato de metilo é utilizado como padrão de referência cromatográfica na investigação bioquímica, como intermediário para detergentes, emulsionantes, agentes molhantes, estabilizadores, tratamentos têxteis, plastificantes para duplicar tintas, borrachas e ceras e como lubrificantes e aditivos lubrificantes. A figura 6.4 mostra a fórmula estrutural do oleato de metilo.

Figura 6.4: Estrutura do oleato de metilo

O oleato de metilo foi produzido a partir da esterificação do ácido oleico com metanol, utilizando o enxofre como catalisador, tal como descrito no Esquema 6.1. A conversão do ácido oleico em éster depende da razão molar, da temperatura e da quantidade de carga do catalisador (Lopez-Ramilex et al., 2015). Também foi produzido com metanol utilizando catalisadores sólidos, quitosano e ácido clorosulfónico a 75° C durante três horas num agitador magnético à taxa de agitação de 600 rpm (Wang et al., 2019). Também foi produzido por lipase, conversão enzimática de sementes de girassol com uma conversão máxima de 80% às 12 horas (Caroline et al., 2020). A transesterificação do ácido oleico com metanol sobre o ácido sulfúrico como catalisador é mostrada no Esquema 6.5.

$$C_{18}H_{34}O_2 + CH_3OH \xrightarrow{H} C_{19}H_{36}O_2 + H_2O$$

Esquema 6.5: Esterificação de ácido gordo a um éster alquílico de ácido gordo

O oleato de metilo pode ser purificado por destilação fraccionada sob pressão reduzida e por cristalização a baixa temperatura a partir de acetona. Tem uma massa molecular de 296,5g/mol, solidificada a -20° C, tem uma gravidade específica de 0,87 a 20° C e ferve a 218,5° C a 20mm Hg. O seu número CAS é 112-62-9 (PubChem, 2022).

O oleato de metilo de acordo com asc (2020) é um éster gordo derivado de óleos naturais com excelentes propriedades de solvência, é facilmente biodegradável e tem características de baixa toxicidade é considerado útil nas áreas seguintes;

1. Tem excelente poder de solvência e por isso pode ser formulado com diferentes óleos, surfactantes e outros materiais solúveis.
2. Como desespumante e solvente para tintas e revestimentos e como removedor de alcatrão.
3. Como solvente ou co-solvente e transportador de petróleo na indústria agrícola para a produção de agroquímicos.
4. Utilizado na fabricação de cosméticos, detergentes, lubrificantes especiais e têxteis
5. Utilizado como matéria-prima para emulsionantes ou agentes oleosos para alimentos, acabamentos de spin, tensioactivos e material de base para perfumes e solventes ou co-solventes; transportador de óleo na indústria agrícola
6. Na indústria de perfuração de petróleo, o Metil Oleato Comercial é utilizado como um lubrificante de polpa não fluorizante que pode efectivamente melhorar a capacidade de adsorção e a molhabilidade da polpa e da superfície do metal de perfuração para reduzir o coeficiente de aderência e alcançar a estabilidade térmica desejável, a compatibilidade e a dispersão uniforme
7. Na indústria dos pesticidas, o Oleato de Metilo é utilizado como um substituto do metilbenzeno
8. Em agroquímicos, o Oleato de Metilo é utilizado no trabalho de metais como lubrificantes e também na limpeza usada como substituto de solventes em aplicações de remoção de pichações, desengorduramento ou limpeza com éter.

O oleato de metilo pode ser armazenado num recipiente fechado a 40° C durante um ano sem deterioração (Olivia et al (2020). A placa 6.2 mostra alguns dos produtos de oleato de metilo. O oleato de metilo é um componente do biodiesel com uma viscosidade de 5,143mm$^2$ s$^{-1}$ , um número de cetano de 68,8 e um valor energético de 40,525MJ/kg (Ibrahim et al., 2019).

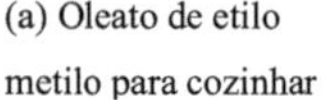

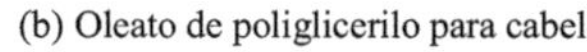


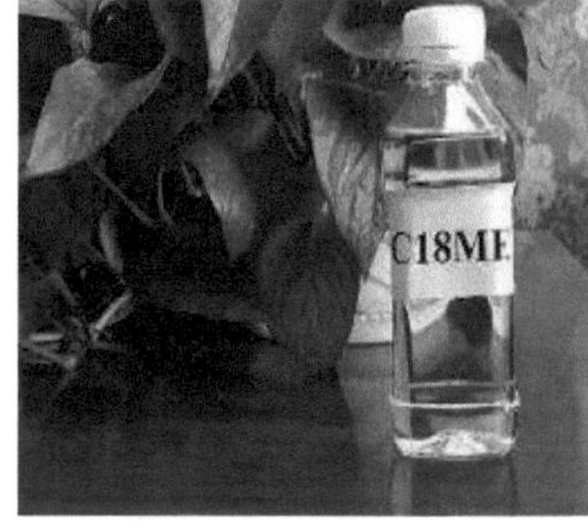


(a) Oleato de etilo metilo para cozinhar

(b) Oleato de poliglicerilo para cabelo

(c) Oleato de

Placa 6. 4 Possíveis produtos de: oleato (bioenergia.cn)

## 6.4.2 Conversão de ácido oleico em BTX e gasolina

O ácido oleico pode ser convertido em benzeno, tolueno e xileno para a produção de plásticos, borrachas, resinas, produtos farmacêuticos, cosméticos, tinta, tintas, diluentes e adesivos (He et al., 2021). Brenna et al. (2020) relataram a clivagem do ácido oleico em ácido azelaico (C9H16O4) e ácido pelargónico (C9H18O2) que pode ser mais descarboxilado em gasolina, conforme apresentado nos Esquemas 6.6, 6.7 e 6.8. Como relatado por Sembiring et al. (2018), a descarboxilação do ácido azelaico produz n-octano e n-nonano, tal como descrito no esquema de reacção 6.7. O ácido pelargónico foi hidrogenado ao ácido azelaico e depois descarboxilado ao n-octano e n-nonano, tal como apresentado no esquema 6.8.

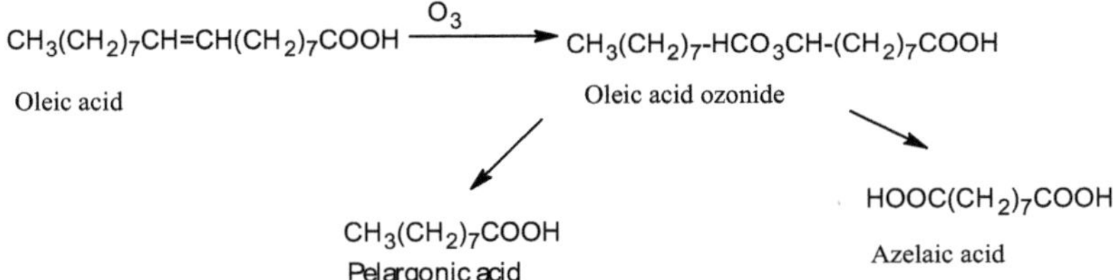

Esquema 6.6: Clivagem do ácido oleico em ácido pelargónico e ácido azelaico

A descarboxilação do ácido pelargónico e do ácido azelaico em octano e nãoano são hidrogenólise, uma vez que envolvem a quebra de moléculas maiores em moléculas mais pequenas com ajuda de hidrogénio.

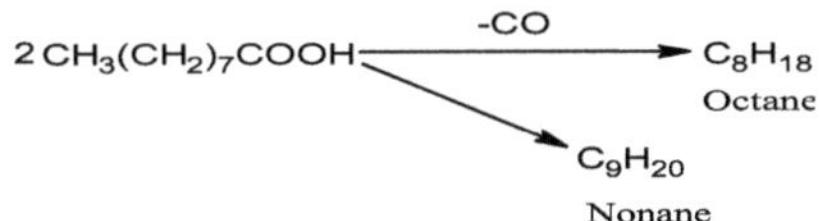

Esquema 6.7: Descarboxilação do ácido pelargónico

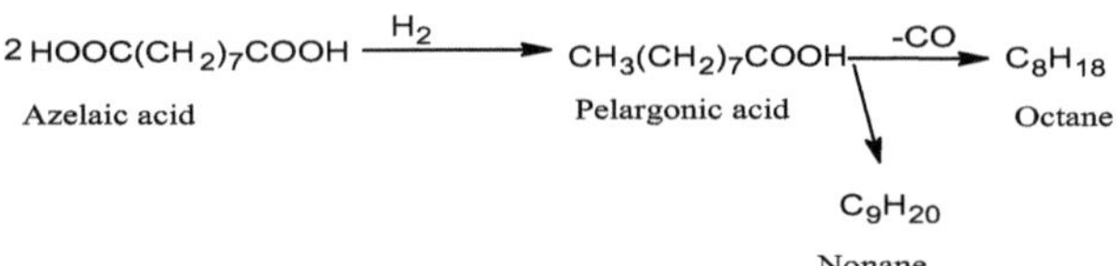

Esquema 6.8: Descarboxilação do ácido azelaico

Edeh et al. (2019) relataram a descarboxilação hidrotérmica do ácido oleico acima de 5% Pt sobre o carbono a 290° C durante 4 horas de tempo de reacção obtido 16,4% heptadecano (diesel). Esta reacção é um processo de produção de gasóleo sem oxigénio renovável, tal como apresentado no esquema 6.9.

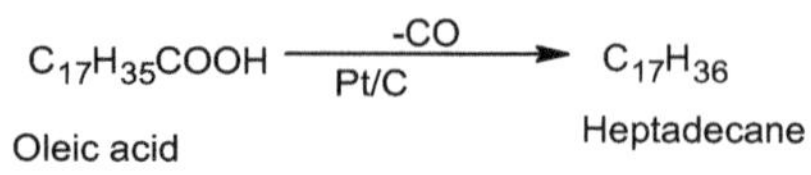

$$C_{17}H_{35}COOH \xrightarrow[\text{Pt/C}]{-CO} C_{17}H_{36}$$

Oleic acid           Heptadecane

Esquema 6.9: Descarboxilação hidrotérmica do ácido oleico

## 6.5 Ácido esteárico

O ácido esteárico também é chamado ácido octadecanóico encontrado em óleos vegetais e gorduras animais e é útil em combinação com ácido palmítico e oleico para o fabrico de velas, cosméticos, sabões de barbear, e colas, lubrificantes, e produtos farmacêuticos também como emulsionante, conforme apresentado na Placa 6.5. O ácido esteárico é também utilizado para o revestimento de pó metálico de alumínio e ferro para evitar a sua oxidação, permitindo assim que os metais sejam armazenados por um período mais longo. É também utilizado para aplicações de borracha para melhorar a viscosidade e fornecer lubrificação. É também utilizado na produção de pneus de motor. A figura 6.5 mostra a estrutura do ácido esteárico.

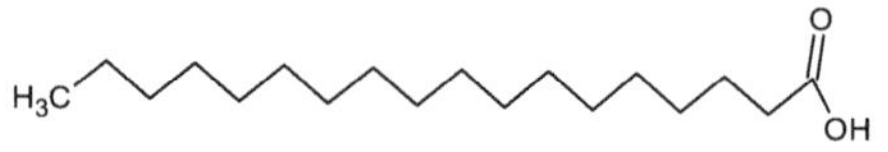

Figura 6.5: Estrutura do ácido esteárico

Placa 6. 5: Possíveis produtos de ácido esteárico (de: tumurnetwork.com)

O ácido esteárico pode ser convertido em estearato de metilo com metanol sobre ácido sulfúrico como o catalisador, tal como apresentado no Esquema 6.10. O estearato de metilo é um biocombustível com uma viscosidade de 6,496mPas, número de cetano de 84,9 e valor energético de 40,311MJ/kg (Ibrahim et al., 2019).

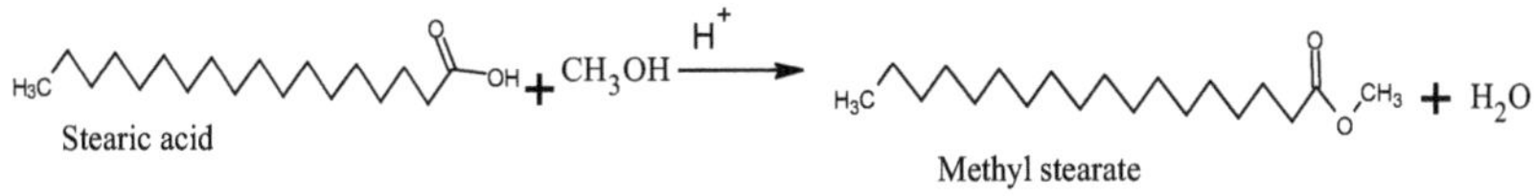

$$\text{Stearic acid} + CH_3OH \xrightarrow{\ H^+\ } \text{Methyl stearate} + H_2O$$

Esquema 6.10: Conversão de ácido esteárico em estearato de metilo

## 6.5.1 Conversão de ácido esteárico em heptadecano

Wu et al., (2016) relataram a conversão de ácido esteárico por descarboxilação em heptadecano (alcano) mais de 20% de catalisador Ni/C com a selectividade de 89,6% a uma temperatura de 330° C e tempo de reacção de 5 horas, como descrito no Esquema 6.11. O heptadecano é um componente do gasóleo sem um átomo de oxigénio no mesmo. Dependendo do catalisador utilizado, os produtos variam. O estudo do efeito de catalisador ácido, base e neutro como a alumina ($Al_2 O_3$), titania ($TiO_2$), MgO, CaO e catalisadores de quartzo sobre a decomposição térmica do ácido oleico por Hu et al. (2019), produziu uma mistura de hidrocarbonetos da gama de C6 a C18. Esta reacção é também alargada aos triglicéridos, como relatado por Hu et al. (2019).

$$C_{18}H_{38}O_2 \xrightarrow[\ Ni/C\ ]{\ -CO\ } C_{17}H_{36}$$

$$\text{Stearic acid} \qquad\qquad \text{Heptadecane}$$

Esquema 6.11: Descarboxilação térmica do ácido esteárico

## 6.6 Estimativa de Biodiesel e Combustíveis Desoxigenados de Ácidos Gordos Extractos de Resíduos de Folhas de *Gmelina arborea*

Uma massa de 50g de folhas mortas de *Gmelina arborea* foi extraída sobre ácido sulfúrico em 500mL de água pelo autor e foi encontrada a conter ácido n-hexadecanóico, 9, ácido 12-octa-decadienóico, ácido 9-octadecenóico, ácido oleico e ácido n-octadecanóico (esteárico) com as suas massas tal como apresentado no Quadro 6.1. A massa total de ácidos gordos no extracto foi de 139,76g e a massa de cada ácido e as suas correspondentes estimativas de biodiesel são apresentadas no Quadro 6.1. A massa total de biodiesel estimada a partir de 50g de folhas mortas de resíduos foi de 219,39g. Os ácidos gordos nos extractos podem ser separados por partição com solvente. Este processo tecnológico reduziria o elevado custo de produção de biodiesel, uma vez que produz uma grande quantidade de biodiesel a partir de uma pequena quantidade de ração que, em si mesma, é um resíduo sem valor.

Quadro 6.1: Estimativa do biodiesel de ácidos gordos de folhas mortas de *Gmelina arborea*

| Ácido Gordo Extraído | Massa molar (g) | Massa extraída (g) | Massa de Biodiesel (g) |
|---|---|---|---|
| Ácido hexadecanóico | 258 | 79.63 | 79.63 |
| 9.12-Octadecadienoic acid | 282 | 18.58 | 18.58 |
| Ácido 9-Octadecenóico | 284 | 20.69 | 20.69 |
| Ácido oleico | 284 | 36.69 | 36.69 |
| Ácido octadecanóico | 286 | 63.8 | 63.8 |
| **Total** | | **139.76** | **219.39** |

Da mesma forma, a massa de combustíveis desoxigenados que neste caso são alcanos foi estimada em 117,84g, tal como apresentado no Quadro 6.2. Estes combustíveis desoxigenados podem ser constituídos por C6-C18, dependendo do método de descarboxilação e hidrogenação e dos catalisadores utilizados. O ácido gordo insaturado (ácido 9,12-octadecadienóico e ácido 9-octadecanóico) sofre descarboxilação e hidrogenação enquanto os saturados (ácido n-hexadecenóico e ácido n-octadecanóico) sofrem apenas descarboxilação. Este processo de síntese de biocombustíveis é mais económico em comparação com a utilização de lípidos que têm um rendimento relativamente baixo e um custo elevado das sementes. A purificação dos ácidos gordos dos extractos de folhas residuais pode ser facilmente feita por extracção com solventes.

Quadro 6.2: Combustível desoxigenado estimado de ácidos gordos de folhas mortas de *Gmelina arborea*

| Ácido Gordo Extraído | Massa Molar (g) | Missa Extraído (g) | Combustível desoxigenado | Massa molar (g) | Massa estimada (g) |
|---|---|---|---|---|---|
| Ácido hexadecanóico | 258 | 79.63 | $C_{15}H_{32}$ | 212 | 65.43 |
| 9.12-Octadecadienoic acid | 282 | 18.58 | $C_{17}H_{36}$ | 240 | 15.81 |
| Ácido 9-Octadecenóico | 284 | 20.69 | $C_{17}H_{36}$ | 240 | 17.48 |

| | | | | | |
|---|---|---|---|---|---|
| Ácido oleico | 284 | 36.69 | $C_{17}H_{36}$ | 240 | 31.01 |
| Ácido octadecanóico | 286 | 63.8 | $C_{17}H_{36}$ | 240 | 53.54 |
| **Total** | | | | | **117.84** |

## 6.7 Combustíveis directos

Existem combustíveis directos que também são produzidos juntamente com bioquímicos na extracção hidrotérmica de folhas de *Gmelina arborea* e *Acacia auriculiformis* que incluem; isopentanol (3-metil butanol) e nonadecano. O isopentanol é um álcool primário e um combustível oxigenado para motor de combustão interna (ICE) e o não-adecano é um alcano saturado e um biodiesel desoxigenado para motor de ignição por compressão (CIE).

### 6.7.1 Isopentanol

O isopentanol também conhecido como 3-metil-1-butanol e álcool isoamílico foi produzido a partir da extracção hidrotérmica de resíduos de *Gmelina arborea* até uma massa de 19,97g a partir de 50g de folhas pulverizadas acima de 0,5g $BaCl_2$ catalisador a 70º C durante 30 minutos. É um álcool líquido incolor (placa 6,6) com um peso molecular 88,15g/mol ferve a 131,1º C, derrete a -117,2º C, uma densidade de 0,81g/cm$^3$ e ponto de inflamação de 43º C encontrado naturalmente em Aloe Africana e outros (PubChem, 2022). Tem o número CAS 123-06-9 contendo 5 átomos de carbono, 12 átomos de hidrogénio e 1 átomo de oxigénio, conforme apresentado na Figura 6.6. É utilizado como solvente, agente extractor, aditivo, e fragrância, sabor e perfume em alimentos, produtos químicos fotográficos e farmacêuticos e na produção de outros químicos (PubChem, 2022). Como combustível, o isopentanol tem índice de octanas de investigação (RON) de 94 e índice de octanas motor (MON) de 84 e tem um valor de aquecimento inferior de 27,8MJ/L (ou 34,32MJ/kg) (Park et al., 2022).



Figura 6.6: Fórmula estrutural do Isopentanol

Placa 6. 6: reserva de isopentanol (Química de espectro
MFG)

## 6.7.2 Nonadecano

Nonadecane é um alcano de cadeia recta com o número CAS 629-92-5, peso molecular de 268,5g/mol, 19 átomos de carbono e 40 átomos de hidrogénio (PubChem, 2022) como apresentado na Figura

6.7. Tem densidade de $0,786g/cm^3$ , ponto de inflamação de 100° C, derrete a 32,1° C, ferve a 330° C, insolúvel em água mas solúvel em éter etílico, acetona e tetracloreto de carbono (PubChem, 2022). O não-adecano foi produzido a partir da extracção hidrotérmica das folhas de resíduos de *Gmelina arborea* até uma massa de 40g a partir de 50g de massa das folhas pulverizadas sobre 0,5g de massa de $BaCl_2$ catalisador a 60° C, durante 30 minutos. O não-adecano cai com a gama de hidrocarbonetos para motor diesel (C12-C20) com um número de cetano de 103 (Hashimoto et al., 2003). É um componente de óleo essencial de hidrocarboneto saturado de cadeia recta encontrado naturalmente na *Artemisia armeniaca* e isolado da mesma (PubChem, 2022). Além de ser um combustível para motor diesel, o não-adecano é um componente do óleo essencial utilizado como fragrância para cosméticos e perfumes, como se mostra na Placa 6.7.

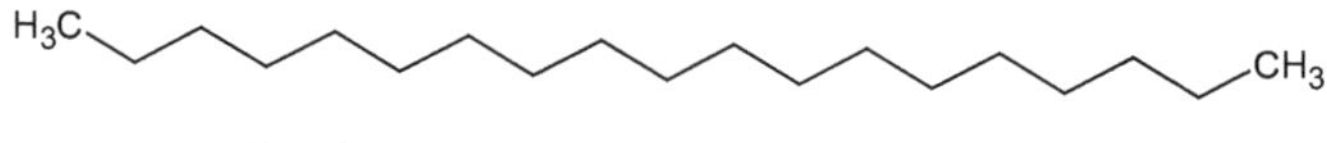

Nonadecane

Figura 6.7: Fórmula estrutural do não-adecano

Fonte (Dreamstime.com)                              (Prevention.com)

Placa 6. 7: Óleo esencial de não-adecano


## 6.7 Estes Ácido Ftálico

Os ésteres de ácido ftálico pertencem a um grupo de compostos importantes de ácidos ftálicos que são sintetizados a partir de anidrido ftálico e álcoois específicos por esterificação de Fischer (Huang, 2021). Os ésteres de ácido ftálico são geralmente utilizados como plastificantes para melhorar as propriedades mecânicas, tais como alongamento, flexibilidade e trabalhabilidade. Estas propriedades tornam os seus produtos adequados para embalagem, materiais de construção, fornecimentos médicos (Huang et al., 2021). Bang et al. (2011) relataram que os ésteres de ácido ftálico são também utilizados para a produção de perfume, verniz para unhas, sprays para cabelo e outros usos pessoais. A maioria dos ésteres deste grupo são líquidos incolores com um elevado ponto de ebulição, e são pouco solúveis em água, mas solúveis em solventes e óleos orgânicos (SCE, 2022). São amplamente utilizados para revestimento de plásticos, especialmente PVC com desgaste após algum tempo e tornam-se poluentes para animais e plantas, no entanto, o homem metaboliza e excreta-o (Bang et al., 2011). Relatórios têm indicado que os ésteres do ácido ftálico podem causar malformações e morte fetal e cancros a animais e são considerados como desreguladores endócrinos (DE) ou melhor ainda como químicos desreguladores endócrinos (EDC) (Bang et al., 2011). Os ftalatos mais utilizados entre os ftalatos são o ftalato de di-n-butilo (DBP) e o ftalato de di-iso-octilo (DIOP).

Foram identificados dois ésteres de ácido ftálico nos extractos de resíduos de *Gmelina arborea*, folhas extraídas hidrotermais de 0,5g $BaCl_2$ durante 30 minutos a diferentes temperaturas, tal como apresentado no Quadro 6.1. São ésteres de butil undecílico do ácido ftálico e éster diiso-octilo de 1, 2-benzenodicarboxílico. Os "ésteres" têm em geral uma estrutura química constituída por um anel aromático planar rígido e duas cadeias laterais maleáveis não lineares de gordura. Os dois grupos de cadeias laterais podem ser os mesmos que no 1, éster diisooctilo do ácido 2-benzenodicarboxílico ou não o mesmo que no éster ftálico butílico undecílico representado na figura 6.13. A placa 6.8 mostra produtos plastificantes que podem ser feitos a partir de ésteres do ácido ftálico

Quadro 6.3: Composição dos ésteres do ácido ftálico no extracto de folhas de *Gmelina arborea*

| Éster Ácido Ftálico (PAE) | Temperatura de funcionamento (° C) | | | | |
|---|---|---|---|---|---|
| | MF | 60 | 70 | 80 | 90 |
| Ácido benzóico, 2-hidroxi-, éster de pentyl | $C_{12}H_{16}O_3$ | 18.54 | 18.36 | 21.36 | 12.44 |
| Ácido ftálico, éster butílico undecílico | $C_{23}H_{36}O_4$ | 13.73 | 14.76 | 8.52 | 15.61 |
| 1,2-Benzenedicarboxílico ácido, éster diisooctílico | $C_{24}H_{38}O_4$ | 78.92 | 77.50 | 53.01 | 71.53 |

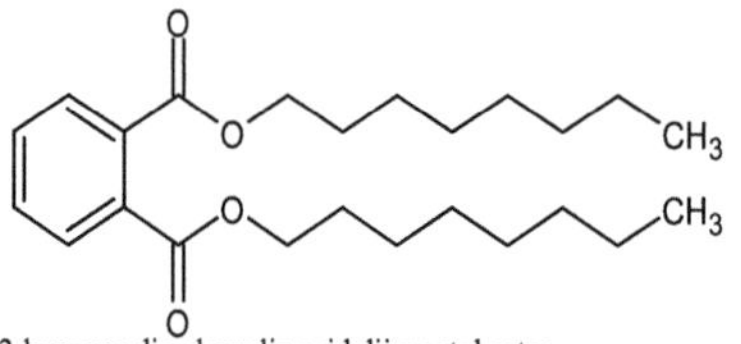


1,2-benzene dicarboxylic acid diisooctyl ester

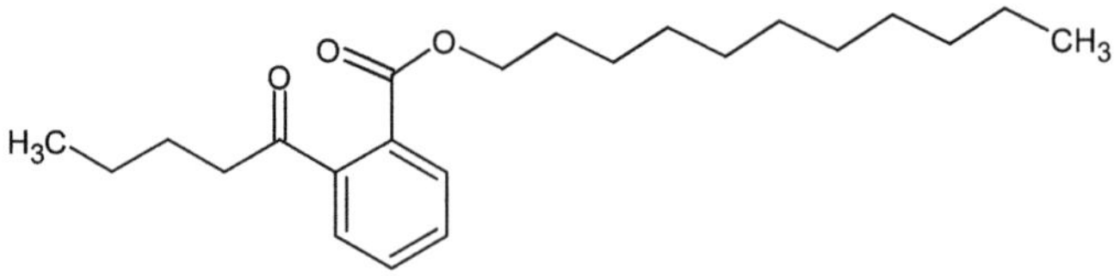


Phthalic acid butyl undecyl ester

Figura 6.8: Estrutura molecular de dois ésteres ftálicos de ácido ftálico

Placa 6. 8: Plastificante que pode ser feito a partir de ésteres de ácido ftálico.

## 6.8.1 Éster de diisooctilo ftálico do ácido dicarboxílico benzeno

O composto, 1, 2-Benzenedicarboxílico, éster de diisooctilo com fórmula molecular de $C_{24}H_{38}O_4$ e peso molecular 390,62g/mol é também chamado entre outros nomes; éster de diisooctilo do ácido ftálico, éster de bis(6-metil-heptilo), éster de bis(6-metil-heptilo), e éster de diisooctilo do ácido ftálico. É um líquido oleoso de baixa volatilidade, incolor e viscoso com o número CAS 27554-26-3, funde a -50° C, ferve a 235° C, densidade de 0,983g/cm$^3$ , ponto de inflamação de 110° C e índice de refracção de 1,486 a 20oC (TGSC, 2022). É adicionado aos plásticos para os manter macios e flexíveis para utilização em tubos médicos e sacos de armazenamento de sangue, fios e cabos isolantes, revestimento de alcatifa, ladrilhos para pavimentos e como adesivo e também em cosméticos e pesticidas (PubChem, 2022).

Exercício 6

1. Porque é que alguns ácidos gordos são considerados como óleo essencial?
2. Que grupo de ácidos gordos não são bons para consumo?
3. Designar o grupo de compostos orgânicos a partir dos quais os ácidos gordos são produzidos.
4. Os ésteres de ácido ftálico são óleos essenciais tóxicos, justificam a afirmação.

# CAPÍTULO SETE

## Óleos Essenciais em Folhas de Resíduos

### 7.1 Introdução

Muitos óleos essenciais foram extraídos de folhas mortas de *Gmelina arborea,* dependendo do processo e dos catalisadores utilizados. Espatulenol, alfa-farneseno, eugenol e ftol foram produzidos a partir de folhas mortas de *Gmelina arborea* quando extraídas sobre cloreto de zinco com uma concentração de 0,5g a 1,5g em 500mL de água destilada e 50g das folhas pulverizadas. Também, de *Acacia auriculiformis*, para além dos produtos químicos acima mencionados, foram metil α-D-galactopyranoside, óxido de cariofileno, estigmasterol e octyl hydroxylamine.

### 7.2 Spathulenol

O espathulenol com número CAS 6750-60-3 pertence à classe dos compostos orgânicos conhecidos como 5, 10-cicloaromadendrano sesquiterpenoides. Ferve a 296 - 298° C e é ligeiramente solúvel em água. Segundo PubChem (2021), o spathulenol é um sesquiterpenoide tricíclico que é 4-metilidenodeca-hidro-1H-ciclopropa[e]azuleno transportando três substituintes metílicos nas posições 1, 1 e 7, bem como um substituto <u>hidroxídico</u> na posição 7. Tem um papel como um componente de óleo volátil, um metabolito vegetal, um anestésico e um agente vasodilatador. É um sesquiterpenoide, um composto carbotríclico, álcool terciário e um composto olefínico.

O espatulenol é essencial para a citotoxicidade, antioxidante, anti-inflamatório, antiproliferativo e antimicobacteriano, tal como reivindicado por Nascimento et al. (2017). O espathulenol é um componente de óleo essencial que pode ser utilizado como insecticida (Chen, et al., 2017). Tem a fórmula molecular $C_{15} H_{24} O$. A figura 7.1 apresenta a estrutura do espathulenol. É utilizado para produzir uma loção hidratante mostrada na Placa 7.1. As folhas de *Gmelina arborea* têm o potencial de produzir muitos bioquímicos que são necessários nas indústrias petroquímicas.

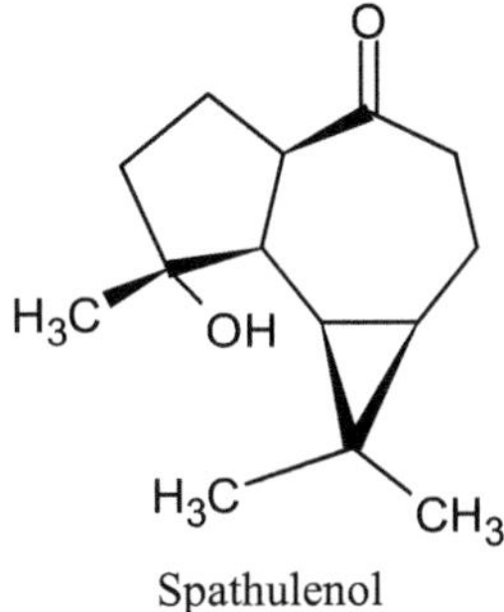

Spathulenol

Figura 7.1: Fórmula estrutural do espathulenol

Placa 7. 1: Loção facial, soro, loção e hidratante de espathulenol (de: mindbodgreen.com)

## 7.3 Alfa-Farneseno

O alfa-farneseno é um dos seis farneseno sesquiterpenos, efectivamente útil contra a inflamação, para alívio do stress, e espasmos musculares e cura de cáries dentárias (Leafwell, 2022). O óleo essencial Apha-farneseno tem propriedades anti-inflamatórias e antialérgicas que o tornaram útil para a finalidade que a aspirina e o ibuprofeno actualmente têm. Tem um perfume de aroma agradável semelhante à fragrância das flores de Magnólia, o que o tornou um bom componente dos cosméticos. Alpha-farneseno cujo nome I.U.P.A.C. é 3,7,10-trimetil dodeca-1,3,6,10-tetra-eno é um líquido incolor a verde-amarelado que ferve entre 260 e 262° C, insolúvel em água mas solúvel benzeno e éter de animal de estimação têm uma densidade que varia entre 0,834 - 0,845g/cm$^3$ e peso molecular de 204,45g/mol com uma fórmula molecular de $C_{15}$ $H_{24}$ (PubChem, 2021). A sua estrutura é apresentada na Figura 7.2. A placa 7.2 mostra perfumes produzidos a partir do α-farneseno.

Figura 7.2: Fórmula estrutural de α-farnesene

Placa 7. 2: Produtos perfumados que podem ser feitos de alfa-farneseno (de: amazon.com)

## 7.4 Eugenol

O Eugenol é um líquido incolor a amarelo pálido com sabor picante e aroma a cravinho (Pub-Chem, 2022). O seu sinónimo é fenol, 2-metoxi-4-(2-propenil)- cujo número CAS é 97-53-0, funde a -9,1º C, ferve a 252,2º C, um ponto de inflamação de 100º C e miscível com álcool, clorofórmio, éter, óleos, solúvel em ácido acético glacial (PubChem, 2022). A sua solubilidade em água é de 2460mg/L a 25º C. É um componente do óleo essencial encontrado em grande parte nos botões de cravo utilizados como antimicrobiano e anti-séptico, antiespasmódico em medicina, fragrância em sabão e cosméticos, substância aromatizante em alimentos e pesticida e fumigante para armazenamento de alimentos (Nejad et al., 2017). É um composto aromático fenólico isolado pela primeira vez em 1929 como um composto volátil de eugenia caryophyllata e a sua produção comercial começou em 1940 nos EUA (Ulanowska e Olas, 2021). A sua propriedade aromatizante torna-o útil como aditivo alimentar. Também, Khallil et al. (2017), relataram que o eugenol tem sido utilizado para o tratamento eficaz do stress oxidativo, inflamação, hiperglicemia, níveis elevados de colesterol, distúrbios neurais e cancro. Ulanowska e Olas (2021) afirmaram que o eugenol tem propriedades antibacterianas, antivirais, antifúngicas, anticancerígenas, anti-inflamatórias e antioxidantes. A folha de canela (Cinnamomum zeylanicum) contém 75 - 85% de eugenol (da Silva et al., 2020). O eugenol tem o odor de cravinho. A sua fórmula molecular é $C_{10}H_{12}O_2$ e a sua estrutura molecular está representada na figura 7.3. O eugenol é solúvel em álcool, éter, clorofórmio e óleos e ligeiramente solúvel em água. Tem um número CAS de 97-53-0 e uma densidade de 1,06g/cm$^3$. A placa 7.3 retrata alguns produtos de eugenol.



Figura 7.3: Fórmula estrutural de Eugenol

Placa 7. 3: óleo orgânico Eugenol, para controlo de pragas e óleo essencial (de: globalsource.com)

## 7.5 Phytol

Phytol é outra bioquímica importante com número CAS 150-86-7, gamas de densidade 0,847-0,863g/cm$^3$ e ponto de inflamação 1,460-1,466 (PubChem, 2022). É altamente utilizado na indústria de fragrâncias e cosméticos, hipolipidémicos, antidepressivos, champôs ansiolíticos, sabonetes, produtos de limpeza domésticos e detergentes (Costa et al., 2014). Phytol (3, 7, 11, 15-tetrametil 2-hexaden-1-ol) é um aditivo alimentar, bem como um medicamento para a terapia antisquistosomal (Ezeanu e Ezeanu, 2014) como demonstrado na placa 7.4 e na síntese de vitamina K (Britannica, 2021). A sua fórmula molecular é $C_{20}$ $H_{40}$ O. É diterpenóide altamente hidrofóbico e insolúvel em água, mas altamente solúvel em solventes orgânicos. É um álcool gordo primário de cadeia longa que ferve entre 202 e 204° C e derrete abaixo de 24° C, líquido incolor a amarelo viscoso com um ligeiro aroma floral (PubChem, 2022). É naturalmente encontrado em Elodea anadensis, Wendlandia formosana, e outros organismos, solúvel em etanol (PubChem, 2022). Um químico alemão Richard Wilstätter produziu pela primeira vez o ftol a partir da hidrólise da clorofila em 1909 e a sua estrutura foi determinada em 1928 pelo químico alemão F.G. Fischer. A sua estrutura é mostrada na Figura 7.4.



Figura 7.4: Fórmula estrutural do fitotol

Placa 7. 4: Aplicações de produtos de phytol (de: eybna.com & whatsinmyjal.com)

## 7.6 Stigmasterol

O estigmasterol é descrito como um precursor na síntese da progesterona e actua como intermediário na biossíntese de andrógenos, estrogénios, corticoides e na síntese da vitamina D3
(Kaur et al., 2011). A progesterona é utilizada para ajudar a prevenir alterações no útero (útero)
em mulheres que estão a tomar estrogénios conjugados após a menopausa) e também para reg-
ular adequadamente o ciclo menstrual e tratar a paragem invulgar dos períodos menstruais
(amenorreia) em mulheres que ainda estão menstruadas (IBM 2022). Os corticoides são geralmente referidos como esteróides; os corticoesteróides são utilizados para tratar doenças reu-
matológicas, como a artrite reumatóide, lúpus ou vasculite. Os andrógenos são uma classe de
drogas utilizadas para tratar sintomas de baixa testosterona em homens adultos com hipogonad-
ismo (uma condição em que o corpo não produz testosterona natural suficiente) em homens e
cancro da mama metastásico em mulheres (memon, 2021).

O estigmasterol está entre os fitoquímicos mais abundantes de esteróis vegetais, tendo uma
função importante para manter a estrutura e fisiologia das membranas celulares. PubChem
(2021) descreveu o estigmasterol como um derivado de esteróides caracterizado pelo grupo
hidroxil nas posições C-3 do esqueleto esteróide, ligações insaturadas nas posições 5-6 do anel
B, e posições 22-23 no substituto alquílico. O estigmasterol encontra-se nas gorduras e óleos
de soja, feijão calabar e colza, bem como em vários outros vegetais, leguminosas, frutos secos,
sementes e leite não pasteurizado. É sólido com número CAS 83-48-7, derrete a 170° C, ferve
a 490.4° C (ChemSpider, 2021), insolúvel em água mas muito solúvel em benzeno, éter etílico
e etanol (PubChem, 20221).

O Stigmasterol foi descoberto por uma fisiologista, Rosalind Wulzen no século 20th na Universidade da Califórnia (Wikipedia, 2021). Foi investigado pelas suas perspectivas farmacológicas
que incluem efeitos antiosteoartríticos, antihipercolesterolemicos, citotóxicos, antitumor,
hipoglicémicos, antimutagénicos, antioxidantes, anti-inflamatórios e CNS (Kaur et al., 2011).
A figura 7.5 mostra a estrutura do estigmasterol e alguns dos seus produtos são apresentados
em placa 7.5.

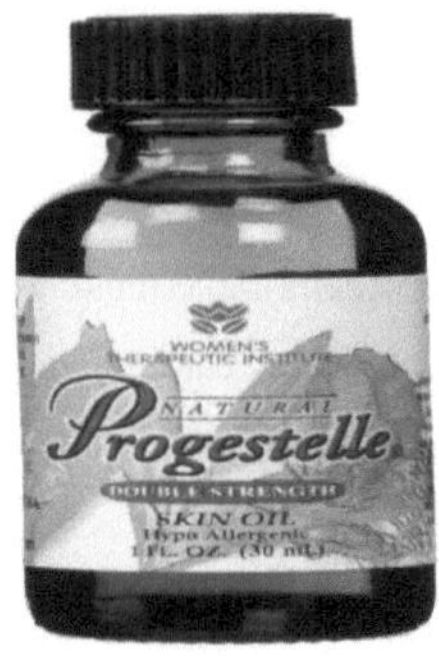
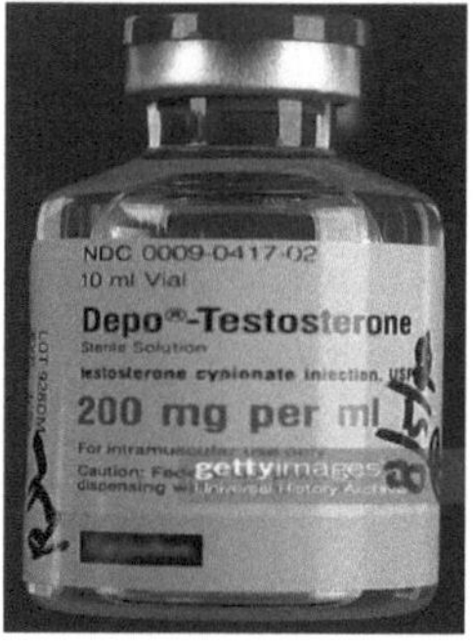

stigmasterol

Figura 7.5: Estrutura molecular do estigmasterol

(a) Progesterona                    (b) Andrógenos

Placa 7. 5: Alguns medicamentos que podem ser produzidos a partir de estigmasterol (de: u-buy.com.ng & businessinsider.com)

## 7.7 Squaleno

A extracção hidrolítica de 50g de folhas pulverizadas de *Gmelina arborea* sobre o catalisador de óxido de cálcio produziu 5,08g de squalene. Segundo PubChem (2020), o squalene é um líquido transparente, ligeiramente amarelo com um ligeiro odor, e tem uma fórmula molecular $C_{30}H_{50}$, uma massa molecular de 410,7g/mol. É também conhecido como supraeno, espinaceno, e transqualeno. O nome I.U.P.A.C. do squalene é 2,6,10,15,19,23-hexametiltetracosa-2,6,10,14,18,22-hexeno (PubChem, 2020). Tem o número CAS 111-02-4; densidade de

0,858g/cm³ a 20° C, ferve a 285° C, derrete at-75° C insolúvel em água, ligeiramente solúvel em álcool e solúvel em solventes orgânicos (PubChem, 2020). Foi descoberta pela primeira vez no início dos anos 1900 pelo Dr Mitsumaro Tsjuiimoto que a isolou do óleo de fígado de tubarão (Pozzagnolo, 2020). Também pode ser encontrado no fígado do corpo humano e em plantas como azeite, óleo de gérmen de trigo, óleo de farelo de arroz, amaranto, e palma (Pub-Chem, 2020: Pozzagnolo, 2020). É um óleo com uma viscosidade de 12cP a 25° C, um índice de refracção de 1,4990 a 20° Número de iodo 360-380 C e um valor de saponificação de 0,5 (PubChem, 2020). O antigo Shogun do Japão reconheceu-o como uma fonte de poder, energia, força e vitalidade e chamaram-lhe Tokubetsu no Miyagi, que significa presente precioso (Pub-Chem, 2020). A figura 7.6 mostra a estrutura do squalene. A placa 7.6 mostra o óleo de squalene extraído do fígado de tubarão.

Figura 7.6: Fórmula estrutural de Squalene

Placa 7. 6: Óleo de esqualeno de fígado de tubarão (de: babyfacestore.com & buzzfeed.com)

O esqualeno é considerado útil na fabricação de outros produtos químicos como o esqualano, drogas, borrachas, e cosméticos incluindo loções de creme solar, batons, bases, produtos para as unhas, condicionadores de cabelo e hidratantes (PubChem, 2020). Também reportado por

PubChem (2020), o squalene é utilizado como adjuvante na terapia do cancro, supressor de oxigénio de uma só vez, protegendo a superfície da pele humana da peroxidação dos lípidos devido à exposição a ultravioletas e outras fontes de radiações ionizantes.

## 7.7.1 Esqualano

O esqualano é produzido a partir do esqualeno por hidrogenação catalítica do esqualeno sobre o paládio sol-gel. O esqualeno é um composto insaturado; por conseguinte, oxida-se rapidamente quando exposto ao ar. Quando é convertido em esqualeno, pode ser convenientemente utilizado para cuidados de pele. A figura 7.7 mostra a estrutura do esqualano. Os produtos de cuidado da pele do esqualano são apresentados na Placa 7.7.



Figura 7.7: Estrutura Molecular da esqualano

Placa 7. 7: Produtos de cuidado da pele que podem ser produzidos a partir do squalane (de: btyal.com & newsweek.com)

O sucesso da conversão das folhas em ácidos gordos, fenóis, furfural e hidroximetilfurfural está a levar à transição de produtos derivados de fósseis para combustíveis e produtos químicos renováveis e sustentáveis de base biológica para a segurança do nosso ambiente e também do ecossistema.

Exercício 7

1. Listar as aplicações de spathulenol.
2. Enumerar os usos do alfa-ferneseno.
3. Enumerar as doenças que podem ser prevenidas pelo alfa-ferneseno.
4. Mencionar as fontes de alfa-ferneseno.
5. Declarar os usos do eugenol.
6. Mencionar quatro importantes produtos de estigmasterol.
7. Mencionar quatro aplicações do squalene.

**Referências**

Aiiacare. (2022). Ácido levulínico. Disponível em:

https://www.aiiacare.com/pages/levulinsyre?logged_in_customer_id=&lang=en

(asc) Acme Sythetic Chemicals (Accessed, 2020). Éster metílico de ácido oleico -Metil Oleato 70%. Disponível em: https://acmechem.com/oleic-acid-methyl-ester-methyl-oleate-70/

Alfa Aesar (2020). H31358 Oleato de metilo, 96%. Thermo Fisher Scientific. Disponível em: https://www.alfa.com/en/catalog/H31358/

Andrew J. Estrup (2015). Hidrogenação Selectiva de Furfural a Álcool Furfurílico sobre Óxido de Cobre/Magnésio. Uma tese apresentada em Parcial Fulfilment of the Requirements for a Degree with Honours, University of Maine. Primavera

Anthonia, E. Eseyin e Philip, H. Steele (2015). Uma visão geral das aplicações do furfural e seus derivados. *International Journal of Advanced Chemistry, doi: 10.14419/ijac.v3i2.5048 3 (2) 42-47a disponível* em: *www.sciencepubco.com/index.php/IJAC*

Bang, D., Lee, I.K., e Lee, B. (2011). Caracterização Toxicológica do Ácido Ftálico. Jornal Oficial da Sociedade de Toxicologia da Coreia, Vol. 27 (4), 191-203, doi: 10, 5487/TR

Britannica (2021), composto químico de ftol

Brydson, J.A. (1999). Resinas de Furan em Materiais Plásticos (Sétima Edição), Páginas 810-813

Cary, R., Dobson, S. e Gregg, N. (2000). 2-Furaldeído. Documento de Avaliação Química Internacional Concisa 21. Organização Mundial de Saúde, Genebra, 2000.

Chang, X., Liu, A., Cai, B., Luo, J., Pan, H., Huang, Y. (2016). Transferência catalítica Hidrogenação de Furfural para 2-Metilfurano e 2-Metiltetrahidrofurano sobre Catalisadores Bimetálicos de Cobre-Paládio. Química de Químicos Sustentáveis Doi: 10.1002/cssc.201601122.

Chatterjee, M., Ishizaka, T., e Kawanami, H. (2014). Hidrogenação selectiva de 5-hidroximetilfurfural a 2, 5- Bis- (hidroximetil)-furano usando Pt/MCM-41 em meio aquoso: Uma abordagem simples Química Verde pp1-23

Livro de Química (2019). Disponível @: livro de química.com

ChemSpider (2021). Stigmasterol

Chen, S., Wojcieszak, R., Dumeignil, F., Marceau, E. e Royer, S. (2018). Como Catalisadores e Condições Experimentais Determinam a Hidroconversão Selectiva do Furfural e 5Hydroximetilfurfural-. Revisão Química 118, 11023-11117.

Choudhary H., Nishimura, S. e Ebitani, K. (2012). Oxidação aquosa altamente eficiente de ácido furfural a ácido succínico utilizando catalisador ácido heterogéneo reutilizável com peróxido de hidrogénio. C S Journal, pp409-411. Disponível em: https://doi.org/10.1246/cl.2012.409

Comba, M.B., Tsai, Y., Sarotti, A. M.., Mangione, M. I., ,Suárez, A.G., e Spanevello. R. A. (2017). Levoglucosenone e as suas novas aplicações: Valorização de Resíduos de Celulose. European Journal of Organic Chemistry, https://doi.org/10.1002/ejoc.201701227

Costa, J. P., Oliveira, J. S., Rezende Junior, L. M., de Freitas, R.M. (2014). Phytol a Natural Diterpenoid com Aplicações Farmacológicas no Sistema Nervoso Central: Uma Revisão. Patentes recentes sobre Biotecnologia, Volume 8, Edição 3, pp 194-2005, DOI: 10.2174/1872208308031506051627445

da Silva, J.K.R., Figueiredo, P.L.B., Byler, K.G. e Setzer, W.N. (2020). Óleos Essenciais como Agentes Antivirais. Potencial dos Óleos Essenciais para Tratar a Infecção por SRA-CoV-2: Uma Investigação *In-Silico*. International Journal of Molecular Sciences, pp 1-37, www.mdpi.com/journal/ijms

Deshan, A.D.K., Atanda, L., Moghaddam, L., Rackemann, D.w., Beltramini, J. e Doherty, W.O.S. (2020). Conversão Heterogénica Catalítica de Açúcares em Ácido 2, 5-Furandicarboxílico. Frontiers Chemistry, Vol. 5, pp 1-23 www.frontiersin.org

do Nascimento, K.F., Moreira, F.M.F., Santos, J.A., Kassuya, C.A.L., Croda, J.H.R., Cardoso, C.A.L., Vieira, M.C., Ruiz, A.L.T.G., Foglio, M.A., Carvalho, J.E., Formagio A.S.N. 2017. Actividades antioxidantes, anti-inflamatórias, antiproliferativas e antimicobacterianas do óleo essencial de Psidium guineense Sw. e espathulenol. Journal of Ethno Pharmacology, https://www.researchgate.net/publication/319296074

Edeh, I., Overton T. e Bowra S. (2019). Produção de gasóleo renovável por descarboxilação hidrotérmica de ácidos gordos sobre platina sobre carbono. Biocombustíveis, DOI: 10.1080/17597269.2018.1560554catalyst

Encyclopedia Britannica (Acesso, 2020). Furfural: Composto Químico. Disponível @: https://www.britannica.com/science/furfural

Estrup, A. J. (2015). Hidrogenação Selectiva de Furfural a Álcool Furfurílico sobre Óxido de Cobre e Magnésio. Uma Tese Submetida em Preenchimento Parcial dos Requisitos para um Grau com Honra (Engenharia Química) do Colégio de Honra da Universidade do Maine

Ezeonu C.S. e Ezeonu N.C. (2016). Fontes Alternativas de Petroquímicos de Biomassa e Agro-Produtos Prontamente Disponíveis em África: Uma Revisão. Journal of Petroleum & Environmental Biotechnology, D0I: 10.4172/2157-7463.1000301.

Fu, Z., Wang, Z, Lin, W., Song, W. e Li, S. (2017). Conversão altamente eficiente de Furfural para 2-Metilfurano sobre Catalisador Ni-Cu/Al2O3 com Ácido Fórmico como Doador de Hidrogénio. Catalisador Aliado A: General, Vol 547 pp248-255 ISSN 0926-860C.

Hamada, K., Suzukamo, G. e Fujisawa, K. (1982). Processo de produção de 5-Metil furfural. Número de pedido de patente dos Estados Unidos: 279 004.

Hashito, k., Nakajima, T., Aral, M. e Tamura, M. (2003). Efeito das Estruturas Moleculares sobre os Alcanos na Formação de Peróxidos e Melhoria do Número de Cetanos por Autoxidação. Journal of the Japan Petroleum institute, 46 (2), 142-147.

Hegde, H e Nitinkumar, S.S. (2017). Produção de Dimetilfurano como combustível líquido a partir de 61 hidratos de carbono derivados. Avanços recentes na ciência petroquímica, ISSN: 2575-8578.

https://www.drugs.com/folicacid.html

Huang, L., Zhu, X., Zhou, S., Cheng, Z., Shi, K., Zhang, C. e Shao, H. (2021). Ésteres Ácidos Ftálicos: Fontes Naturais e Actividades Biológicas. Toxinas, MDPI 13, 495. 1-17, https://doi.org/ 10.3390/toxins13070495. Disponível em: https://www.mdpi.com/jour-nal/toxins

Hu, W., Wang, H., Lin, H., Zheng, Y., Siauw Ng, S., Shi. M., Ying Zhao, Y. e Xu, R. (2019). Decomposição Catalítica do Ácido Oléico a Combustíveis e Químicos: Papéis de acidez catalítica e basicidade na distribuição de produtos e vias de reacção. Catalisadores, 9, 1063; doi: 10.3390/catal9121063. www.mdpi.com/journal/catalysts

IBM Micromedex (Acessado em 2022). Progesterona (Via Oral) Descrição e Nomes de Marca. Clínica Mayo. Disponível @ https://www.mayoclinic.org/drugs-supplements/progesterone-oral-route

Ibrahim, H., Ayilara, S., Nwanya, K. O., Zanna, A. S., Adegbola, O. B. e Nwakuba, D. C. (2017). Exploração das Folhas de *Gmelina Arborea* para Biocombustíveis e Feedstocks Petroquímicos e Farmacêuticos. *Chemical Science International Journal 18(2): 1-7, Artigo nº. CSIJ.31407 Anteriormente conhecido como American Chemical Science Journal ISSN: 2249-0205* SCIENCEDOMAIN *international www.sciencedomain.org*

Ibrahim, H., Magaji, S. e Olufade, O. (2019). P3A-01: Novo Método de Produção de Hydroxymethyl Furfural de Cassia Sieberiana Leaves by Acid Hydrolysis. Actas da 49ª Conferência Anual NSChE KADA 2019: pp 499-502

Ibrahim, H., Magaji, S. e Olufade, O. (2021). Produção de 5-Hidroximetil furfural a partir de folhas de Cassia Sieberianna. República Federal da Nigéria, Patent cert. No. 004559

Ibrahim, H., Magaji, S. e Olufade. M. (2019). *Novo* Método de Produção de Hydroxymethyl furfural de *Cassia Sieberiana* Folhas por Hidrólise Ácida. Kada 2019

Ibrahim, H., Magaji, S., Jibia, S.A., Muhammad, I., Abdulsalam, H.e Ismail, A. (2021). Fallen Mahogany (*Khaya Senegalensis*) Leaves, A Potential Feedstock for Biodiesel Production. *Nigerian Research Journal of Chemical Sciences* (ISSN: 2682-6054) Volume 9, Número 1, pp37-43, http://www.unn.edu.ng/nigerian-research-journal-of-chemical-sciences/ 37

Ibrahim, H., Nwanya, K. O., Ayilara, S., Adegbola, O., Nwakuba, D. C., Tyoor, A. D., Ba'are, A.M. e Shuaibu, H. (2015). O potencial da Acacia Earleaf Acacia (*Acacia auriculiformis*) Folhas para Matérias-Primas Industriais. International Journal of Scientific Engineering and Applied Science (IJSEAS) - Volume-1, Issue-4, Julho de 2015 ISSN: 2395-3470 www.ijseas.com

Ibrahim, H., Zanna, U. A. S. e Nwakuba, D. C. (2019). Uma abordagem empírica para a previsão de algumas propriedades físicas importantes do Biodiesel a partir das suas composições de ésteres ácidos gordos. *Nigerian Research Journal of Chemical Sciences, Vol. 6*, pp 1-9

Iroegbu, A.O., Sudiku, E.R., Ray, S.S. e Hamma, Y. (2020). Produtos químicos sustentáveis: Breve levantamento dos Furanos. Químicos de África. Disponível em: https://doi.org/10.109/842250-020-00123-w

Kaur, N., Chaudhary, J., Jain, A.and Kishore, L. (2011). Stigmasterol: Uma Revisão Abrangente. International Journal of Pharmaceutical Sciences and Research, Vol. 2 Issue 9, 2259-2265, ISSN: 0975-8232

Keay, B.A. e Dibble, P.W. (1996). Anéis de cinco membros com um Heteroatom e Derivados Carbocíclicos Fusíveis. Química Heterocíclica Abrangente II.

Khalil, A.A., ur Rahman, U., Khan, M.R., Sahar, A., Mehmooda, T. e KhanM. (2017). Eugenol de óleo essencial: fontes, técnicas de extracção e perspectivas nutracêuticas. Royal Society of Chemistry Advances, 32669-32681, DOI: 10.1039/c7ra04803.

Saúde infantil. (2022) Fatty Acids.disponível em: https://kidshealth.org/en/parents/fatty-acids.html

Korry Barnes (Acesso em 2020). O que é Furfural? Usos, estrutura e produção. Disponível em: study.com

Lamminpää, K. (2015). Desidratação por Xilose Catalítica de Ácido fórmico em Furfural. Dissertação para a atribuição da Comissão de Formação de Doutoramento em Tecnologia e Ciências Naturais da Universidade de Oulu-Finlândia.

Leafwell. (2022). O que é o Alpha-Fernesene? Disponível em: https://leafwell.com/blog/farnesene/

Liu, S., Cheng, X., Sun, S., Chen, Y., Bian, B., Liu, Y., Tong, L., Yu, H., Ni, Y., e Yu S. (2021).Alto rendimento e alta eficiência Conversão de HMF em ácido levulínico num processo catalítico verde e fatigante por um Catalisador BrønstedLewis Ácido HScCl4 de dupla função: ACS Omega, 6, 15940-15947

Li, X. e Zhang, Y. (2016). A conversão de 5-hidroximetil furfural (HMF) em anidrido maleico com catalisadores heterogéneos à base de vanádio. Green Chemistry,18, 643-647, DOI: 10.1039/c5gc01794g www.rsc.org/greenchem

Lopez-Ramirez, M.D., Garcia-Ventura, U.M., Barroso-Murioz., F.O., Segovia-Hemandez., J.G. e Hemandez, S. (2015). Production of Methyl Oleate in Reactive-Separation Systems. Tecnologia de Engenharia Química, https://doi.org/10.1002/ceat.201500423

Lou, Y., Marinkovic, S., Estrine, B., Qiang, W. e Enderlin, G. (2020). Oxidação de Derivados de Furfural e Furan para Ácido Maleico na Presença de um Sistema Catalisador Simples à Base de Ácido Acético e TS-1 e Peróxido de Hidrogénio. ACS Omega, 5, 2561-2568

Lu, Y., Lu, Y.C., Hu, H.Q., Xie, F., Wei, X. e Fan, X. (2017). Caracterização Estrutural da Lignina e seus Produtos de Degradação com Métodos Espectroscópicos. Hindawi Journal of Spectroscopy Volume 2017, Artigo ID 8951658, 15 páginas https://doi.org/10.1155/8951658

Maduskar, S., Maliekkal, V., Neurock, m., e Dauenhauer, P.J. (2018). Sobre o Rendimento do Levoglucosan de Pirólise Celulósica. *ACS Sustainable Chem. Eng.* 6, 5, 7017–7025

Magaji, S. e Ibrahim, H. (2019). Investigação das folhas mortas de Gmelina Arborea como matéria-prima potencial para a produção de biodiesel. Anais do 4º YUMSCIC

Magdalena Ulanowska e Beata Olas (2021). Propriedades Biológicas e Perspectivas para a Aplicação da Revisão Eugenol-A. International Journal of Molecular Sciences, pp 1-13 https://www.mdpi.com/journal/ijms

Mailaram, , S., Kumar, P., Kunamalla, A., Saklecha, P., Maity S.K. (2021). Biomassa, Biorefinaria, e biocombustíveis. Sustainable Fuel Technologies Handbook. Pp 51-87 Imprensa Académica

Memon, N. (2021). Como funcionam os Andrógenos?

Motohito Kato (2005). 2-Furan metanol, Tetrahidro-. Publicações do PNUA

Narayan S. Biradar (Acesso, 2020). Capítulo 4, Hidrogenação catalítica de Furfural a Tetrahydrofuran. Um doutoramento. Tese de Doutoramento. Pp 94-117

Nejad, S. M., Özgüneş, H. e Başaran N. (2017). Propriedades Farmacológicas e Toxicológicas do Eugenol. Turkish Journal of Pharmaceutical Sciences; 14(2):201-206, DOI: 10.4274/tjjps.62207.

NIH (Recolhido em 2019). 5-Metil Furfural. U.S. National Library of Medicine. Centro Nacional de Informação Biotecnológica.

n-Leshkov, Y.R., Barrett, C.J., Liu, Z.Y. e Dumesic, J.A. (2007). Produção de dimetilfurano para combustíveis líquidos a partir de carbohidratos derivados de biomassa. Natureza Vol 447| doi: 10.1038/natureza05923.

Nem Azam Bin Endot (2017). Hidrogenação selectiva de 5- hidroximetilfurfural (HMF) a 2, 5- dimetilfurano (DMF) sobre catalizadores mono e bimetálicos Ru, Ni, e Co apoiados em nanotubos de carbono e carbono. Uma tese submetida sob os requisitos da Universidade de Liverpool para a obtenção do grau de Doutor em Filosofia

Oliveira, A. C. D., Frensch, G., Marques, F., Vargas, J. V. C., Rodrigues, M.L.F. e Mariano, A. B. (2020). Produção de oleato de metilo por adição directa de *Penicillium sumatrense* sólido fermentado e *Aspergillus fumigatus.* Volume de energia renovável 162, Páginas 1132-1139

Park, S., Chung, S.H., Lu, T.and Sarathy, M. (2022). Características de Combustão de Álcoois C5 e um Mecanismo de Esqueleto para Simulação de Combustão de Carga Homogénea de Ignição por Compressão. Energia e Combustíveis, American Chemical Society (ACS), 1-38

Patrick B. Smith (2015). Fontes Bio-Baseadas de Ácido Tereftálico. Green Polymer Chemistry Bio-based Materials and Biocatalysts, Chapter 27 America Chemical Society Symposium Series Vol. 1192 pp453-469.

Peng, Y., Li, X., Gao, T., Li T. e Yang, W. (2019). Preparação de 5-metil furfural a partir de amido numa só etapa por hidrogenólise mediada por iodeto livre de metal. Química Verde.

Presciente & Inteligência Estratégica. (2022). Levulinic Acid Market research Report: Por tecnologia (Biofina, Hidrólise Ácida), Aplicação (Aditivos Alimentares, Produtos Agrícolas, Produtos de Cuidados Pessoais, Plastificantes, Aditivos de Combustível)- Análise da Indústria Global e da Procura Florestal até 2030.

Pozzagnolo, E. (2020). O Guia Final do Formulador de Squaleno e Squalane. Disponível em: https://formulabotanica.com/difference-between-squalene-and-squalane

PubChem (2020). Squaleno. NIH U.S. National Library of Medicine, National Centre for Biotechnology Information.

pubChem (2022). Álcool isoamílico. Biblioteca Nacional de Medicina, Centro Nacional de Informação em Biotecnologia.

PubChem (2021). 5-Hidroximetil furfural. Biblioteca Nacional de Medicina, Centro Nacional de Informação em Biotecnologia.

PubChem (2022). Composto de ácido levulínico. Biblioteca Nacional de Medicina, Centro Nacional de Informação em Biotecnologia.

PubChem (2021). 5-Hidroximetil furfural. Biblioteca Nacional de Medicina, Centro Nacional de Informação em Biotecnologia

PubChem (2021). 5-Hidroximetil furfural. NIH U.S. National Library of Medicine, National Centre for Biotechnology Information.

PubChem (2021). Alpha-farnesene. NIH U.S. National Library of Medicine, National Centre for Biotechnology Information.

PubChem (2021). Levoglucosenone Biblioteca Nacional de Medicina, Centro Nacional de Informação em Biotecnologia

PubChem (2021). Metilfurfural. NIH U.S. National Library of Medicine, National Centre for Biotechnology Information.

PubChem (2021). m-Hidroxilfenol. NIH U.S. National Library of Medicine, National Centre for Biotechnology Information.

PubChem (2021). o-Hidroxilfenol. NIH U.S. National Library of Medicine, National Centre for Biotechnology Information.

PubChem (2021). Estigmasterol. NIH U.S. National Library of Medicine, National Centre for Biotechnology Information.

PubChem (2021). Anidrido Maleico. Biblioteca Nacional de Medicina, Centro Nacional de Informação em Biotecnologia.

PubChem (2022). Composto Levoglucosan. Biblioteca Nacional de Medicina, Centro Nacional de Informação em Biotecnologia.

Pubchem (Acesso em 2019). Disponível @: bchem.ncbi.nlm.gov

Raju S. T. (2019). Hidroxilação de Proteínas. Capítulo 10 Wiley Online Library. https://doi.org/10.1002/9781119053354.ch10

Ramos, R., Grigoropoulos, A., Perret, N., Zanella, M., Katsoulidis, A.P., Troy D. Manning, T.D., John B. Claridge, J.B. e Matthew J. Rosseinsky, M.J. (2017). Conversão selectiva de 5-hidroximetilfurfural em derivados de ciclopentanona sobre $Cu-Al_2 O_3$ e $Co-Al_2 O_3$ catalisadores na água. Química Verde, Edição 7

Entringer, S (2021). Ácido fólico. Drug.com. Disponível @: https://www.drugs.com/folic_acid.html

Reed, N.R., Kwok, E.S.C. (2014). Furfural. Encyclopedia of Toxicology Reference Module in Biomedical Sciences (Terceira Edição), Páginas 685-688

Roger C. Pettersen (1984). A Composição Química da Madeira. Capítulo 2 Sociedade Americana de Química.

Rosatella,A.A., Simeonov,S.P., Frade R.F.M. e Afonso, C.A.M. (2011). 5-Hydroxymethylfurfural (HMF) como plataforma de blocos de construção: Propriedades biológicas, síntese e aplicações sintéticas. Química Verde 13, 754 www.rsc.org/greenchem

Rover, M.R., Aui, A., Wright, M.M., Smith, R.G. e CastanhoR.C. (2019). Produção e Purificação de Levoglucosan Cristalizado a partir da Pirólise da Biomassa Lignocelulósica. Química Verde, Edição 21, DOI: 10.1039/c9gc02461a.

Scholarly Community Encycl6opedia (SCE). (2022). Ésteres Ácidos Ftálicos. Disponível em: https://encyclopedia.pub/entry/12568

Shi, Y. (2019). Estudo teórico do Mecanismo de Conversão de Furfural na Superfície NiCuCu(111) : ACS Omega 4, 17447-17456 http://pubs.acs.org/journal/acsodf

TGSC. (2022). Aditivos Alimentares Indirectos, Adesivos e Componentes de Revestimentos. TGSC Sistema de Informação (2022). http://www.thegoodscentscompany.com/

Wahyudiono , M.S. e Goto , M. (2008). Recuperação de compostos fenólicos através da decomposição da lignina em água próxima e supercrítica. Engenharia Química e Intensificação de Processos, Volume 47, Edições 9-10, Páginas 1609-1619

Wang, A., Zhang, H., Li H. e Yang, S. (2019). Produção Eficiente de Oleato de Metilo Usando um Catalisador Polimérico Sólido à Base de Biomassa com Elevado Ácido. Hindawi Advances in Polymer Technology, Artigo ID 4041631, 11 páginas https://doi.org/10.1155/2019/4041631

Wang, H., Liu, Y., Gunawan, R., Zhang, L., Wang, Z. e Li, C. (2021). Reacções e Distribuição do Levoglucosan durante a Destilação Reativa de Alta Pressão do Bio-Oil. Sociedade Americana de Química. https://doi.org/10.1021/acs.iecr.1c00736

Wang, R., Zheng, S. e Zheng, Y. (2011). Compostos e Tecnologia de Matriz Polimérica. Um volume na série Woodhead Publishing Series in Composites Science and Engineering.

Wikipédia. (2022). Ácido gorduroso Omega-9. Disponível em: https://en.wikipedia.org/wiki/Omega-9_fatty_acid

Wojcieszak, R., Santarelli, F., Paul, S., Dumeignil, F., Cavani F. e Gonçalves, R.V. (2015). Recentes desenvolvimentos na síntese de ácido maleico a partir de produtos químicos de base biológica. Processo Químico Sustentável, DOI 10.1186/s40508-015-0034-5

Wu, J, Shi, J, Fu, J. Jamie. Leid, J.A, Hou, Z e Lu, X. (2016. Descarboxilação catalítica de Ácidos Gordos para Combustíveis de Aviação sobre Níquel Suportado em Carbono Activado. Relatórios científicos | 6:27820 | DOI: 10.1038/srep27820

Xiao, B., Zheng, M., Li, X., Pang, J., Sun, R., Wang, H., Pang, C., Wang, A., Wanga,X. e Zhang, T. (2015). Síntese de 1, 6-hexanediol de HMF sobre catalisadores de dupla camada de Pd/SiO2 + Ir-ReOx/ SiO2 num reactor de leito fixo. Química Verde,

Xu, H.and Wang, C. (2016). Capítulo 6 Uma Revisão Abrangente de 2, 5-Dimetilfurano como Candidato a Biocombustível: Inovação para além do Bioetanol. Disponível em: https://www.researchgate.net/publication/306261838

Yang, W. e Sen, A. (2017). Síntese Catalítica Directa de Metilfurfural a partir de Hidratos de Carbono Derivados de Biomassa. Química e Sustentabilidade Energia e Materiais estão disponíveis em https://www.researchgatenet/publication/50365207

Yoshida, N., Kasuya, N, Haga, N. e Fukuda, K. (2008). Polímeros Vinílicos de 5-Hidroximetilfurfural à base de Biomassa novinhos em folha. Polymer Journal, a Sociedade de Ciência de Polímeros, Japão

Zhang, S. e Zhang, L. (2017). Um método fácil e eficaz de preparação do ácido 2,5-furandicarboxílico através da oxidação directa do peróxido de hidrogénio de 5-hidroximetilfurfural. Polish Journal of Chemical Technology, 19, 1, 11-16, 10.1515/pjct-0002.

More
Books!

info@omniscriptum.com
www.omniscriptum.com
OMNIScriptum

Printed by Books on Demand GmbH, Norderstedt / Germany